狗狗训练从零开始

训狗问题全解答

[英]史蒂夫·曼恩 著

程兰 译

U0214587

SPM 南方传媒 广东科技出版社
全国优秀出版社
· 广 州 ·

EASY PEASY DOGGY SQUEEZY: Even More of Your Dog Dilemmas Solved by Steve Mann & Martin Roach
Text copyright© Steve Mann & Martin Roach, 2020

Originally published in the English language in the UK by Blink Publishing, an imprint of Bonnier Books UK Limited, London.
This edition arranged through BIG APPLE AGENCY, LABUAN, MALAYSIA.
Simplified Chinese edition copyright:
2023 Guangdong Science & Technology Press co., Ltd

广东省版权局著作权合同登记号
图字：19-2022-035

图书在版编目（CIP）数据

狗狗训练从零开始. 训狗问题全解答 / (英) 史蒂夫·曼恩 （Steve Mann）著；程兰译. —广州：广东科技出版社，2024.1
书名原文：EASY PEASY DOGGY SQUEEZY: Even More of Your Dog Training Dilemmas Solved!
ISBN 978-7-5359-8112-7

Ⅰ.①狗⋯ Ⅱ.①史⋯ ②程⋯ Ⅲ.①犬—驯养 Ⅳ.①S829.2

中国国家版本馆CIP数据核字（2023）第126343号

狗狗训练从零开始：训狗问题全解答
Gougou Xunlian Cong Ling Kaishi : Xungou Wenti Quan Jieda

出 版 人：严奉强
责任编辑：温　微　曾　超　张天白
装帧设计：友间文化
责任校对：于强强
责任印制：彭海波
出版发行：广东科技出版社
　　　　　（广州市环市东路水荫路11号　邮政编码：510075）
销售热线：020-37607413
https://www.gdstp.com.cn
E-mail：gdkjbw@nfcb.com.cn
经　　销：广东新华发行集团股份有限公司
印　　刷：广州一龙印刷有限公司
　　　　　（广州市增城区荔新九路43号1幢自编101房　邮政编码：511340）
规　　格：889 mm×1 194 mm　1/32　印张7.875　字数200千
版　　次：2024年1月第1版
　　　　　2024年1月第1次印刷
定　　价：59.80元

关于作者

作为一名专业的训犬师，史蒂夫·曼恩有30年的训犬经验。他曾以动物行为及饲养的高级讲师身份，与10万多只狗狗在各种各样的环境中展开合作，比如在安保和侦测领域、电视和电影行业等。他也曾与养狗的国际体育明星和名人合作过。他曾多次以犬行为专家的身份亮相电视节目，包括在英国广播公司的《超狗秀》节目中担任训练师，并且在比赛中拔得头筹。现代训犬师协会是由全球训犬师和行为学家组成的领先机构，而史蒂夫就是该协会的创始人。

史蒂夫热衷于以道德和科学为基础的训犬工作，曾在欧洲、南美洲、非洲和中东等地授课，引领现代正向的训犬方法。他的训犬方法是基于合理的行为研究，而不是基于训犬的"神话"或者道听途说。

史蒂夫坚定支持并投身于犬类救援工作。他说道："如果我们能正确对待我们的狗狗，并教育社会如何与狗狗'正确'相处，那天下无狗需要救援的梦想就有可能成为现实。"

史蒂夫与他的妻子吉娜、儿子卢克和7只狗（是的，7只）住在英格兰东部的赫特福德郡。这7只狗分别是混血吉娃娃南希、斯塔福德郡㹴犬帕布罗、德国牧羊犬阿什、灰狗贝利、惠比特犬斯派德、勒车犬夏茉和玛利诺犬卡洛斯。

序

我的故事

非常感谢你选择这本书，我猜你也是个超级热爱狗狗的人！

你在训练狗狗时遇到的各种问题，这本书将会给出答案。与狗狗一起生活，既可以是一种美妙的生活体验，也可能让你痛苦不已。因此，我将在本书中为你提供一些训练方法和解决方案，让你和狗狗的生活都可以变得更美好。

我是一位终身训犬师，也是现代训犬师协会的创始人，该协会是全球最大的训犬师和狗狗行为学家的教育培训基地和会员机构。许多人经常询问我关于狗狗的问题，但其中有很多问题是重复的。在这本书中，我整理、提炼了这些问题和答案。我相信，本书有很多内容值得你深度阅读。

本书分为四个部分：

🐾 调教狗狗的重要练习；

🐾 问题行为和解决办法；

🐾 提升生活品质的练习；

🐾 了解狗狗，了解训练。

我不仅是一个超级热爱狗狗的人，还是一个超级热爱训练狗狗的人。所以，我不仅要告诉你该做些什么、如何去做，还会告诉你"为什么"这样做。我会让你明白为什么要教狗狗做这些练习，更重要的是，为什么要用这样特定的方式来训练它。如果我们理解"为什么"要做某种行为，即这么做的好处有哪些，我们将更有可能把它付诸实践。

我在教学的时候，脑海中总是会想象学生们自言自语的画面："好的，老师。但是为什么？这对我有什么用？"好吧，这么说没毛病。因此，当你要求你的狗狗做出一个行为时，你也要意识到它们也会问同样的问题。这样才公平！

请按照章节顺序阅读本书——不要跳跃翻看。提出这一要求的原因很简单，书中的练习都是按照章节顺序精心安排的，你在前面练习中学到的东西，可以应用到后面的练习中去。

要记住，狗狗总是在不断进步的。根据我的经验，狗狗的

训练标准也是会不断变化的——要么前进，要么后退，取决于你的选择！

我的职业是训犬师，教学是我热爱的事业，但我写这本书的动机是出自我对狗狗的爱。我在本书中所写的内容不仅包括我帮助众多狗狗和其主人训练的专业方法，也包括我自己与狗狗一起生活的技巧。现在我想把这些技巧分享给你，让你也可以与狗狗一起更好地享受生活。

静下来，开始阅读，做做笔记，思考一下，制订一个计划，试着从狗狗的角度看这个世界，然后开始训练吧！我们的原则是确保你和狗狗都能享受这个过程，但更不要忘记的是，我们的目标是成为狗狗的好朋友！

史蒂夫·曼恩

前言

有效因素

　　大小不一，动静皆宜，高矮胖瘦，体形各异……不，这还只是对狗狗外在的描述！如果考虑到性格迥异、好恶有别等不同的内在因素，人们很快就会发现，训狗这件事，并没有一成不变的准则。

　　训狗时有太多需要考虑的变化因素，我在职业生涯中就经历过各种考验。我曾作为"诱饵"被埋在雪地里好几个小时，期盼着搜救犬能找到我。我曾与南美洲的救援比特犬、中东的探测犬一同工作，也曾参加澳大利亚的幼犬课堂，还曾在英格兰和爱尔兰帮助成千上万个家庭，解决他们的狗狗存在的各种问题。

　　在训狗过程中，我们会针对狗狗和主人的自身情况来定制解决方案。不要指望有什么一劳永逸的解决方法，而是要关注下列七大有效因素。

1

本书中我们将不断提到这七大有效因素。如果你能理解这些要素，并在训练时用它们来鼓励或抑制狗狗的某些行为，你将顺利地与狗狗一起过上更美好的生活！

🦴 有效因素之一：强化

对狗狗的某些行为进行强化，会让它在将来更愿意重复这些行为。简而言之，如果你想让你的狗狗养成某个习惯，请记得好好奖励它！

🦴 有效因素之二：互斥行为

不要告诉狗狗不该做什么，而是去强化那些希望它做出的行为。

"互斥行为"指的是，狗狗在完成某一行为时，无法同时完成另一个不受欢迎的行为。一个典型的例子是，如果你的狗

狗习惯于扑向你来表示问好，我们将严厉地教导它在你出现时
"坐好"。这时你的狗狗无法扑向你，因为它的屁股还坐在地
板上！

🦴 有效因素之三：联想

狗狗的感受远比狗狗做什么更重要。

我明白，当你抱着街边的路灯，拉扯着你的狗，试图阻止它
不断吠叫，冲向另一条狗时，你可能不会认同上面这句话！但
是，狗狗做出这种不受欢迎的行为，可能是因为它对其他狗狗有
负面的联想。通过改变这种联想，能改变狗狗的感受，从而避免
这样的行为。我们可以教导你的狗狗，让它在与其他狗狗共存时
感觉良好。如果足够了解这个有效因素，我们还可以让你的狗狗
轻松应对快递员、小孩子……任何人！甚至是猫!

🦴 有效因素之四：控制和管理

不管是什么训练项目，都有一条最重要的原则——不要奖励
那些不受欢迎的行为！因此，学会控制和管理尤为重要。

学会走路之前，我们不会想要跑。同样，当狗狗做出不受欢
迎的行为时，我们不能让它得到强化。如果你呼唤你的狗，但它
没有过来（例如它跑去和其他狗狗玩耍），那就不能让这个糟糕
的行为在无意间得到强化。在这种情况下，一个好的控制和管理
办法就是在狗狗的身上拴一根长绳，这样你就可以与它一直保持

紧密联系。

如果你开门时狗狗扑向客人，却被"未经训练"的客人给了一个拥抱，那么这一行为就得到了强化。因此良好的控制和管理办法是，在开门前把你的狗狗关进厨房！

优质、可靠的训练需要一段时间才能慢慢见效，但控制和管理的效果是立竿见影的。不要觉得控制和管理是在逃避问题，这是在防止问题发生。

有效因素之五：口令

"口令"就是触发狗狗行为的原因：

"停止！"提示的是"无论如何都不能动！"

"过来！"提示的是"跑到主人那里享受美好时光吧！"

门口的"叮咚！"提示的是"哦，天哪！紧急情况！紧急情况！"

有效因素之六："3D"法则

在5米外叫你的狗狗和在50米外叫它可完全不是一回事儿。同样，让你的狗狗安安静静地坐在你面前并不困难，但是面对一个把冰激凌吃得满身都是的小孩子，它还能安稳地坐在地上吗？

利用口令，我们能教会狗狗很多行为。一开始，我们可以设置一个很轻松就可以实现的标准，狗狗在达到这个标准后就可以获得强化奖励。

一旦行为习惯建立起来，我们就可以通过以下的"3D"法则来提高标准：

延长距离（Distance）

如果你的狗狗已经学会在距离你10米处完美地"急停"，你可以悄悄后退几步，看看它是否可以接受在距离你20米处急停的强化训练。表现都很好？非常棒，那就试试30米。

延长时间（Duration）

也许你的狗狗在你发出口令时可以马上做一个漂亮的"趴下"动作。接下来你就可以将趴下的时间延长至5秒，然后是10秒，以此类推。

分散注意力（Distraction）

如果你的狗狗在听到"坐下"的口令时表现很出色，那么你可以在自己上下跳跃或弯腰系鞋带时，或是任何能分散它注意力的情况下再说出这一口令。

在整本书中，我们将在一些更具体的应用场景中用到"3D"法则。但在开始运用这一法则之前，请注意一点：不要每次都把标准提高、提高再提高。你和你的狗狗都没有必要承受这样的压力。即使是尤塞恩·博尔特[1]，人们也没期待他每次跑100米都能取得个人最好成绩!

---

① 尤塞恩·博尔特：牙买加短跑运动员、足球运动员，奥运会男子100米、200米冠军。

🦴 有效因素之七：验证

任何人都能教会自己的狗狗从花园里 "回来"，或者在厨房的冰箱旁 "坐下"，但它们能在公园中或在看兽医时做出同样的行为吗？这就是使用 "3D" 法则训练的意义所在。为了确保你的训练成果尽可能可靠，首先你可以在一个固定的地方进行训练，然后通过在不同的地点、时间和天气条件下进行行为强化训练来加以验证。

上述7个有效因素就是你的 "秘钥"，可以帮助你和狗狗解决任何训练问题或行为问题。本书将帮你更好地掌握这些 "秘钥"，让你能够想出尽可能多的、各式各样的解决方案，让它们做出你期待的行为，或是鼓励它们做出那些能替代不受欢迎举动的行为。

当你阅读本书时，你会看到我们如何将这些有效因素贯穿于训练方法之中。我们不会在遇到每个问题时都用上所有有效因素，但通过正确理解和应用这些有效因素，我们就可以带着同理心进行科学的训练，而且狗狗也会因此更加爱我们！

目 录

第一章

调教狗狗的重要练习

1

第四章

了解狗狗，了解训练

第一章

调教狗狗的
重要练习

你在任何典型的训犬图书中也许都能看到这一章的标题，但我相信本章建议的练习内容并不是那么"典型"。我将向你介绍一些能为你和狗狗的共同生活带来真正好处的练习，以及一些能使所有其他的问题都变得更容易解决的方案。

而最重要的是，你对犬类肢体语言的理解会让一切变得更加清晰。所以在开始"注意力"这一基本练习之前，我们会先从犬类肢体语言入手，然后巩固 "趴下""召回"和 "松绳散步"等日常基础行为，再进行一些更优雅且实用的练习——"托下巴""抓项圈""名字反射"，以及非常受欢迎的"急停"等。

每项练习都有一个从低级到高级的自然过程，所以注意不要犯急于求成的错误，着急去做更多的高级练习。

很多时候，高级练习只不过是为了把基本功练得更好而已。

趴下

托下巴

散步

第一节　肢体语言

你好，史蒂夫：

　　我们正准备迎接一只新的雌性救援拳师犬林戈（别问我为什么！），它很快就要到我们家了。尽管救援中心的所有报告都表明它能与其他狗狗相处得很好，但我担心如果让它在当地的公园里和其他狗狗一起玩耍，它可能会遇到麻烦。我听说拳师犬有时会受到其他狗狗不公平的对待。我该注意些什么，才能避免让它陷入一团糟的状况？

莉迪亚

拳师犬

你好，莉迪亚：

如果想要让你与狗狗的生活变得尽可能地有价值且无压力，我们可以通过学习来掌握一个最重要的技能——让自己成为犬类肢体语言专家！拳师犬有时会让其他狗狗难以理解，因为它们的外表看起来有点笨拙——眉毛紧锁、下颚向前突出、胸部宽阔鼓胀；这些都会让你很快意识到，一只陌生的拳师犬进入新的狗狗公园，其实就相当于一个穿着英国国旗无袖衬衫的人踢开酒吧的门喊道："谁想来打一架？"更别提在过去，许多拳师犬的尾巴都被截断了，这限制了它们传达善意的能力。因此，拳师犬在试图结交新朋友时，有着天生的劣势，这是可以理解的。

幸运的是，我可是一个狗狗肢体语言狂！我跋山涉水，多年潜心研究狗狗的肢体语言；我训练过无数只宠物犬，还有秘鲁的街头犬、约翰内斯堡的乡镇犬、葡萄牙的沙滩犬、巴林的沙漠犬，以及其他各种犬类。关于狗狗和它们的肢体语言，我可以告诉你一件事——它们不会撒谎！

我们人类喜欢用打岔、自大、讽刺和虚张声势的言语来掩盖自己许多的真实感受。而对狗狗来说，"所见即所得"，这就是我爱它们的原因。作为狗狗的主人，我们的职责和责任是不断"倾听"狗狗说的话，并适当回应它们。这种交流始于"倾听"，而不是始于"言语"。救援中心说林戈和其他狗狗相处得很好，你可以放心地继续让它向情绪稳定、自信且友好的狗狗作友善的自我介绍。你也可以抽空阅读以下建议，了解如何流利地说出狗狗的意图。

在狗狗们开始彼此靠近一起玩耍之前，我们能从它们接近对方的方式中获取大量信息。

相对于径直靠近的交友方式，体现善意的交友方式常常是略带弧线的。让我们来看看两个友善的人是如何接近对方并介绍自己的：双方的脊柱会呈现出友好、放松的状态，虽然不是松散到像水母在地板上滑过一般，但他们的臀部一定是很放松的。接着双方的动作也会体现出一定程度的弧线，他们会侧身并沉下一边的肩膀握手，头会微微倾向一侧；站姿上，他们的双脚会以一定的角度向外张开，膝盖微弯，这会使他们的臀部、肩膀和头部都偏离中线。真正友好的人在相互见面问好时，身体都是很灵活的。只有"外星人"才会在握手时把手臂直直地伸出去，肩膀挺直，完全看不到一点脊柱的柔软度。

如果你的狗狗也是使用这种友善的方式去靠近另一只狗狗，恭喜你，这是一个非常棒的信号。但当我们看到狗狗接近对方时出现相反的情况就要有所警惕。我们不希望看到的情况是：

🐾 至少每2秒钟出现一次直接的眼神
　　接触（不眨眼或转移视线）；

🐾 脊柱僵直；

😼 嘴巴紧闭；

😼 突然笔直地迎面靠近。

这些都是警告信号，往往会令狗狗产生敌意。

当两只友好的狗狗碰面时，它们做的第一件事会是闻闻对方的小屁屁。沿弧线靠近的方式会让它们在正确的位置上做到这一点。对狗狗来说，用脸去贴对方的屁屁比贴脸更能显示出友好。闻屁屁就相当于人类世界中的握手礼仪。

闻屁屁之后，狗狗们身体通常会向后倾斜，面对面站着。这时，其中的一方可能会开始它的"戏精"表演——触电式地甩头，给对方一种"来玩呀"的信号，就像你在宴席上兴奋地背着家长偷偷给你的伙伴打出"我们走"的手势一样。狗狗的这种甩头姿势是在叫对方一起玩"你追我赶"的游戏。通常甩头之后，它们会摆出鞠躬的姿态——将前半身趴低，紧贴地面，小屁屁使劲往上抬，表现出一种友好的态度。一旦双方确认眼神，它们就会如风一般一起跑开，步子大得像两台夸张的"摇摇马"玩具一样。这样奔跑非常消耗体力，就像两只小羊踮着前脚和后脚在草地上跳跃嬉戏。这与狗狗专注、潜行、背部紧绷的狩猎姿势完全不同。狗狗的"摇摇马"动作越夸张，越能说明它们追逐的意图是友好的。这是个很好的信号。

在狗狗快乐玩耍的时候，我们希望能看到它的嘴巴是愉快而放松的。识别方法非常简单，就是看看狗狗是否露出了下排的牙齿。通过这个方法，你就能判断出狗狗是处在放松状态还是狩猎状态。

除此之外，当它们奔跑的时候，有时会互相平行，肩并肩靠在一起，或者故意用屁屁碰碰对方，这都是为了唤起对方友善的回应。从进化发展的角度来看，狗狗之间的打闹本质上是一种提高繁衍能力的练习，例如逃离危险的奔跑练习，狩猎、打斗和猎杀练习等。由于这些都是比较激烈的练习，所以它们需要用"摇摇马"动作、"鞠躬"和"碰碰屁屁"等信号来提醒对方："我是闹着玩的！"

不论两只狗狗的年龄、品种、性别、体格和健康状况如何，重要的是它们能轮流扮演追赶者与被追赶者的角色。一般在游戏进行1分钟后，它们就开始互换角色了。在上面表演狩猎者的狗狗现在仰面躺着扮演被追赶者的角色，而另一只狗狗则在上方压制着对方。这种角色互换就算是在吉娃娃和斯塔福郡斗牛㹴之间也会进行（我家里就是这种情况）。重要的是，较大的狗狗要自我让步，确保游戏的公平性和此起彼伏的节奏。就像有时候能看到大狗可怜兮兮地叫了一声，好像在说："啊！我摔倒了。"此时小狗就抓住机会，咬着对方的脖子，发出胜利宣言："没错，看看谁才是老大！"

当我们看到一只狗狗仰面躺着，而另一只狗狗在上方压制时，重要的是上方的狗狗并没有真的紧紧压住下方的狗狗，只要下方的狗狗想站起来，你应该相信，不需要怎么挣扎它就能做得到。

在这场友好的比赛中，任何叫声都应该是一种更冗长的、卡通式的"呜啊呜啊"的声音，而不是音调更高、类似海鸥喉咙后部发出的尖锐的声音。如果出现尖锐的叫声，意味着狗狗在游戏中带入了一点小脾气，有挫败感。举个例子，你和你的表弟们打闹时（当然不是指现在，这会很奇怪……在你还是个孩子的时候），他们会边笑边说："给我走开！"并试图奋力反击。但是当你的膝盖挤压到他们的肱二头肌，口水不小心滴到他们脸上，突然之间他们的动作就变得急促起来，声音变得更高、更大，说话开始断断续续："给——我——走——开！"狗狗也是一样，它们吐口水、打闹只是在玩耍而已。

假设从"友善的玩耍"升级到"真正的冲突"可以用一到十级的程度来测量的话，如果第一级为"闻屁屁"，第十级为"真正的打斗"，那么我们可以将"鞠躬"作为第二级。随着追赶游戏的进行，游戏的激烈程度慢慢进入第三级、第四级，然后直接进入第五级——一方开始尝试攀上另一方的背部，或是打算将另一方压制在地面上。当游戏发展到第七级、第八级的时候，狗狗之间进行角色互换，或是双方决定休息一会儿喘口气——这是狗狗自发的暂停，比如假装突然在地上发现了一种非常有趣的气味

（尽管这个气味已经被它们忽略了10分钟），或是直接走到一边去撒尿。第七级或第八级的这种"压力阀"是一种阻止游戏陷入冲突的方法。就像喷泉一样，在高度较低的时候水向上喷出，等它达到一定高度时，又会溢回到底部。在一小段时间的休息之后，游戏的紧张程度会下降。紧接着，一方狗狗开始鞠躬引诱，宣告第二轮游戏在一个较低的、不太激烈的水平重新开始！经过良好训练的、经常与其他同类互动的狗狗懂得如何控制自己的"压力阀"。你可以留意这一时刻，它体现了狗狗友善而又成熟的冲突解决策略。

　　为了让更多人能教会他们的狗狗运用上述技能，我总是会建议刚养狗狗的新主人，将狗狗互相介绍和玩耍的时间控制在1分钟，然后让狗狗回到自己身边，给它们吃点东西，让它们冷静下来。然后，最重要的是，让它们再接着回去玩耍。经过足够多的重复，狗狗们会知道回到主人身边有双重好处：一是得到食物，二是获得更多的玩耍机会。此外，狗狗们也会建立一种"玩耍—休息—玩耍—休息"的模式。慢慢地，它们也会形成属于它们自己的"压力阀"。一段时间之后，你可以将狗狗玩耍互动的时间从1分钟延长到2分钟，再从2分钟延长到5分钟，慢慢延长，只要在过程中避免出现真正的冲突即可——注意观察前面提到的警惕信号，如僵硬的身体或恼怒的叫声。

　　除了观察和回应自己狗狗的肢体语言外，得体的做法还包括考虑其他的狗狗在"说"什么。如果林戈正在愉快地用身体撞另一只狗狗，而对方狗狗却礼貌地表示"请不要这样做"，那就不是一件好事。你也清楚，如果礼貌的要求被忽视，并且对方认为你的攻击仍在继续，那么礼貌的请求迟早会变成强硬的要求……那就要爆发争斗了。只要我们注意观察对方狗狗身上的一些微小信号，例如当别的狗狗表示出"不要这样，谢谢"的时候，我们可以阻止事态的发展。在讨论狗狗如何相互进行交流时，情境是首要考虑的因素，但以下是一些需要注意的迹象，表明另一只狗狗对林戈的接近可能感到不太舒服：

- 🐾 舌头从嘴巴中央轻轻吐出一至两下，就像一条吐信的蛇；
- 🐾 躲在主人背后；
- 🐾 夹起尾巴；
- 🐾 颈部、肩部或是背部毛发竖起（这些行为不一定代表攻击性，但是可以肯定的是狗狗的肌肉受到了肾上腺素的刺激进而引起了毛发竖起）。

就像人类社会中的交往一样，你会愿意接近一名双眼紧盯着你，站得笔直，头抬得很高，伸长脖子，挺着胸脯，身体明显处于紧张状态的陌生人吗？你不会这么做吧？

是的，所以林戈也不会。

换言之，如果一只狗狗被绳子牵着，那自有被牵着的原因。它们可能还不习惯与别的狗狗或是人类接触；它们可能身上有伤；又或者它们的主人只想享受属于自己安静的时间。不论是什么原因，我们应该表示尊重，给对方一些空间，而不是无知地继续打扰对方并说："没关系，我的狗狗很乖的。"

有时候狗狗互相接触时还会展现出一种行为，学术上称之为"转移行为"。举个例子，当你看到一只狗狗表现得十分放松，而你决定进一步靠近它时，它可能会通过打哈欠等方式缓解压力，同时也意味着它需要更多时间去决定是否要表达善意。转移行为是一种正常的现象，不仅仅发生在狗狗身上，在人类身上也是如此。在读书的时候，当我在全班面前被老师问到一个数学难题时，我的转移行为表现为挠头、咬铅笔、背靠着椅子摇晃。现在做转移行为就更简单了，每当我被问到一个难以回答的问题的时候，我会假装有人打来电话。感谢手机的发明！

狗狗常见的转移行为有嗅地板、抓耳朵、打哈欠或是伸展它们的前后脚，像是做热身运动一样。

当然，在其他场合，狗狗表现出这些行为可能是完全合理的。例如狗狗经常会将打哈欠作为一种交流工具，以表达"大家静一静"的讯号，当然也可能仅仅是狗狗早晨起床时伸展运动的一部分——起床，伸展后腿，弯腰伸展前腿，伸直脖子，然后打个哈欠。

现在你知道了如何读懂林戈的肢体语言，试着去理解它想要表达什么，了解它需要什么，让它保持开心和安全。

如果我只能给狗主人提供一个建议，我一定会建议他们学会如何去读懂狗狗的肢体语言并且做出正确的反应。如果我们都能掌握这个技能，狗狗和我们在一起的生活将会更加开心快乐，这就是全部的意义，不是吗？

第二节 注意力

你好，史蒂夫：

　　我想让我的比格犬福克西更加关注我。这么多年来，我一直在教它如何与我进行眼神交流，但除非我手里有食物，不然它始终无法明白我的意图！

　　我开始觉得它是不是学得有点慢了。

保罗

比格犬

你好，保罗：

如果你在同样的训练上花了很长的时间，但是你的狗狗仍然不明白，不要认为是狗狗学得慢！记住，通过"眼神交流"来提升注意力是最重要的基础训练。假如你的狗狗没有把注意力放在你身上，那它肯定不会听从你的指挥。因此，"眼神交流"是所有训练的起点。

作为一个追求效率的人（不如说是懒），我总是在训练狗狗时问自己，哪一项训练能让其他训练变得更容易？99.9%的情况下，我的回答是"眼神交流"。

如果你的狗狗自发地看着你的眼睛，这就意味着：

- 🐾 日常训练更轻松；

- 🐾 召回狗狗更简单；

- 🐾 带狗狗散步更容易；

- 🐾 狗狗能更好地回应其他所有口令；

- 🐾 人与狗的相处更和谐。

我并不太喜欢通过零食来诱导狗狗进行"眼神交流"的方式。因为这样，"手中的零食"就已成为口令的一部分。就像你说的，如果没有零食，狗狗的行为会完全不一样。而且，讽刺的是，狗狗需要先看着你，才能知道你手里是否有零食。

若你家的福克西想的是——"有疑惑？找保罗""有好事发生？找保罗"，那会让它感到动力十足。因此，我不建议你通过口令或是诱导行为来达到"眼神交流"的目的。相反，福克西需要主动与你进行"眼神交流"。

试一试做以下训练，记得像往常一样，选择一个安静、熟悉、没有干扰的环境开始你的训练。

训练 1

1. 在地上放一块零食，当福克西捡起时，你慢慢后退一到两步。

2. 当它再次靠近你，静候投食时，放下另一块零食，随后再后退几步。重复此训练六次……

现在，试着在放下零食前与它进行一些"眼神交流"。

3. 在这一阶段，当它追上你并停下来的时候，你要耐心等待，等到它抬头看着你，好像在说："继续，再丢一个！"然后，当它看着你的时候，你可以说"真棒"，然后放下一块零食并后退，如此进行重复训练。

在上述几个阶段的基础上，你可以与福克西一起慢慢移动，在它每次看着你的时候，对它说"真棒"，同时给它喂零食。这将会提升它的注意力并创造眼神交流的机会，也会为今后的"松绳散步"练习奠定基础（本书后面会提到这一内容）。

和福克西一起坐在地板上，手里拿着5~6块零食。你拿零食的手半握成一个拳头，确保福克西无法接触到零食。随后向前伸出拿零食的手。接下来，福克西会反复尝试，它会闻闻、舔舔或用爪子扒拉你的手。这时候千万不要受其影响，保持什么都不说，也不做。记住，我们这样做是为了增强它的能力，所以在这里要让它自己解决问题。而且，当它做到时，要跟它击掌庆祝。

仔细观察福克西的脸，当它抬起头看向你的胸部或脸部时，说"真棒"，并将你的两手摊开给它零食。给它时间去享用零食，等待1~2秒，然后把你的拳头收起来，再次重复之前的操作。

这就是积极强化的美妙之处：每一次重复练习都带来了进步的空间，多么迷人的训练方式啊！

在每一次重复训练成功之后，尝试"塑造"该行为。如最开始时，如果狗狗散漫地瞥了一眼你的上半身，就可以给予奖励；经过几次成功的尝试后，试着先不给它零食，直到它能专注地看着你的胸部。如此反复地训练，慢慢地使它的注意力向上移动，直到看向你的肩膀，乃至面部。

每当你伸出手，它都能习惯性地看着你的脸的时候，这时我们可以稍微改变一下训练内容，但始终要保持一个准则：如果福克西认为你手里有给它的东西，它就会自动抬头看看你的脸。

坚持同样的标准，即在眼神接触后说"真棒"，然后给予零食。

但是要注意：

🐾 最好用左手拿零食，而不是右手；
🐾 你可以用各种姿势进行训练，例如坐着、站着、慢慢后退；
🐾 在不同环境下进行训练，如室内、室外、白天、黑夜；
🐾 在各种各样的干扰环境下进行训练。

经过以上两种训练后，接下来你可以在更多非正式的日常生活中强化福克西的眼神交流，让它明白通过眼神交流，能获得想要的东西，将"眼神交流"进阶成一种自然反应的行为，例如：

🐾 在准备出门散步时，手放在门把上但不急着开门，等它将注意力放在你的脸上时，对它说"真棒"后开始出门散步；
🐾 带它去公园时，先不急着解开项圈，等它看着你的眼睛时，对它说"真棒"并解开项圈；

🐾 准备去后院玩耍时，先不急着开门，等它将注意力放在你的脸上时，对它说"真棒"并开门。

要谨记，每次对狗狗要求标准的提升必须是微小的，并且前提是之前的训练都是成功的。另外，我想澄清一下部分人的疑惑——有些主人认为直勾勾地盯着狗狗对它来说是一个威胁的信号。但"看"和"瞪"是不同的，你看你孩子的眼神肯定和看小偷的眼神不一样。"眼神交流"除了能给训练和日常相处带来好处外，也能帮助狗狗消除对人类的困惑，让它们意识到与人类的眼神接触是一种积极的联想，没有什么好害怕的。

总的来说，"眼神交流"（从而提升注意力）是一切训练成功的开始。在我的课堂中，所有的狗狗都专注地看着它们的主人，像是在说："来吧，人类，快给我口令！我爱死口令了！"

与从前那种老掉牙的严厉的训狗方式不同，我们的理念是让狗狗拥有主动权。那怎样才能训练它做出你想要的行为呢？没错，跟它"眼神交流"！

保罗，请记住，世界上没有笨学生，只有懒惰的老师。

第三节　牵引行走

你好，史蒂夫：

　　我家养了一只金毛寻回犬，叫戈尔迪，它从小到大都在我们家，今年已经5岁了。但是它像噩梦一样让人头疼，因为它会拽着牵引绳跑！每天我都要陪它走1~2千米的路去公园，拉着它的过程简直让人难以忍受。我尝试过把牵引绳缩短，这样它就可以贴在我身边走路，但是它拒不配合。我总是要不停地说"跟上"，然后猛地一拉牵引绳，它才会贴在我身边走一两步，不过它马上就又拽着牵引绳向前跑了。我觉得，它宁愿被项圈勒紧也不愿意放弃拽绳子。当它拽着绳子一端向前跑的时候，我还能听到它气喘吁吁的声音。在户外时，即使我们还站在原地不动，但只要把牵引绳套在它的项圈上，它就会开始拽绳子。

　　　　　　　　　我不想总是在它跑出去的时候把它拉回来，这太让人恼火了。而且我也不想为了让它乖乖走路，老是拿食物在它鼻子底下晃。为了它的脖子不遭殃，也为了让我不发疯，帮帮我吧！

　　　　　　　　　　　　　　　　　　露丝·玛丽

金毛寻回犬

你好，玛丽：

　　天啊，你已经这样生活5年了，但还是每天去公园遛狗？那你可真是个"勇士"！

　　别担心，你的问题就是我的问题，让我们一起来制订一个训练计划吧。

　　在所有的训练里，有一件事情是特别重要的：先学走，再学跑，循序渐进很重要。所以，如果你们俩都静止不动，且戈尔迪被牵引绳拉着时并不关注你，那么指望用一条绳子来让它好好走路是不太现实的。因为在它眼中，道路两边的种种风景争相吸引着它的注意力，此时的它仿佛一个饥饿的人看见了满桌的美食，它又怎么还会注意到你呢！首先，我们需要让你和戈尔迪处在同一个频道上。

　　与其绷紧全身的每一块肌肉，试图把绳子拉紧，让戈尔迪贴在你身边走路，我倒希望你能买一条大概1.5米长的、质量也不错的牵引绳，让自己和戈尔迪彼此都轻松一些。这会立刻让牵引绳、你，还有戈尔迪放松下来。扯紧牵引绳或把狗狗拉向你，实际上会产生一种对立反射，你往回拉得越多，狗狗就会往前拽得越多，这就是恶性循环的开始。拥有一条长牵引绳会给我们更多的机会去随机应变，从而加强训练效果。

　　无论如何，当你在购物时，出于安全和舒适的考虑，请给戈尔迪准备一个漂亮、合身的胸背带，让它在训练和散步时佩戴。它已经养成了向前靠和拉扯项圈的习惯，所以我们要在它穿着漂亮的新胸背带时帮它养成一个更容易接受的新习惯。

每一次成功的"松绳散步"都是从一个简单的步骤开始的，所以让我们从最基础的步骤开始，然后慢慢前进……

静止标记

虽然看起来有点啰唆，但我必须重复一次：如果在戈尔迪静止的时候，你不够关注它，却期待它在走路时关注你，这就有点本末倒置了。所以在我们采取措施之前，要先在你和它之间建立联系。

首先让戈尔迪穿上胸背带，系上牵引绳，和你一起站在一个安静且没有太多干扰的地方。然后你站在戈尔迪前面，把一块零食扔在戈尔迪面前的地上。当它开始吃的时候，再扔一块零食到地上，当第二块也被吃掉时，就扔出第三块。如此重复几次，然后等待。此时它会瞧瞧地面，等待着下一块零食神奇地从天而降。但当零食不再出现时，它就会抬起头，目光会随着零食出现的路线，最终落到零食出现的源头——你的身上，当它意识到你的存在时，你就喊一声"好样的"，然后扔出下一块零食。之后，等到它再次抬头看你的那一刹那，说"好样的"，然后再次扔出零食。现在，你可以通过"好样的"这句话来标记你和它的眼神交流，并且利用零食奖励来强化这种交流。

然后让我们增加一点戈尔迪的等待时间。放下一块零食，让戈尔迪吃掉，当它回头看你的时候，先在心中默念几秒，保持住眼神交流，再说出"好样的"，并像之前一样利用零食来强化行为。这是一种很棒的方法，有助于形成有效的"静止标记"。并且当这个标记活动在你和戈尔迪之间进行得非常顺利时，你就可以带它去路上散步了。

移动标记

在进行了几次静止标记之后，我们就可以开始一项新的活动了。把你的两只手放在与你的皮带扣齐平的高度，握住牵引绳，并将绳子放到最长，然后开始小步后退。当戈尔迪跟着你走并抬头看向你的脸的那一刻，喊一声"好样的"。然而，这一次，不要把零食扔在地上（之前你这样做过，不要让它重复静止标记行为），而是从你的袋子里拿一些零食放在手上，让它直接从你手上叼下来。和人一样，狗狗也会在有好东西出现的地方停留。保持缓慢的移动，每次戈尔迪在移动中向你瞥一眼，你就说"好样的"，并尝试在移动中强化这样的行为。

在对狗狗的训练中，我们给

予奖励的时候通常是静止不动的，这可能会让狗狗误解，一旦移动了，它就没有零食奖励了！这实际上违背了我们试图建立的规则：我们想让戈尔迪相信，如果它穿着胸背带，并且你们俩一起移动，它和你玩标记活动是会有奖励的。它不能一边拉拽牵引绳，一边和你进行标记活动。这样就可以实现双方共赢的局面。

要注意的是，只有在狗狗做出正确的反应，并且你也说过"好样的"之后，你才能伸手去拿零食。要让戈尔迪明白，零食出现的前提不是你的手伸向零食袋，而是它穿着胸背带并且做出正确的标记行为，这一点非常重要。通过这种方式，戈尔迪正确的行为会得到强化，它知道在未来可以再次做出什么行为以得到奖励。

一旦狗狗牢记了标记行为，并且能平稳地完成——记住，"慢意味着平稳，而平稳就是快"——我们就可以开始在这个方向前进几步了，而不是像孩子放学后躲老师一样一直在原地打转。

你可以开始拉长散步距离，延长狗狗做出动作和得到零食之间的等待时间，并逐渐改变训练地点，这样你就可以"增加"分散狗狗注意力的元素。这里要提醒一句：不要改变得太多或太快，以免削弱我们想要达到的效果。如果你在"3D"法则上太过冒险——分散注意力、延长时间、延长距离——那么标记的强化效果随时可能减弱。不过也不用担心，只需后退几步（指回到之前训练效果良好的一步）来巩固标记效果，然后继续前进。训练不是一场一决胜负的比赛，更不应该是一场消耗战。重要的是在成功的基础上循序渐进，而不是让自己跌倒。

我同意你的观点，我们不想为了让狗狗乖乖走在你身边而拿食物挂在它鼻子底下。这实际上是将食物作为一种口令（在行为之前引入），而不是作为一种强化（在行为之后引入）。我们并不想用食物作为口令来引导它的行为，因为这样的话，戈尔迪就只会在看到食物后才会做出正确的行为。我们不想把戈尔迪训练成一只"只有看到好处才能做出正确行为"的狗。所以，我们会把奖励零食作为松绳散步的强化剂，而不是作为口令。

提到口令，你之前提到，在过去戈尔迪拉拽绳子的时候，你会喊"跟上"并把它拉回来。这里有几点需要注意：牵引绳是一个优秀的护具，但同时也是一个糟糕的沟通工具。我相信你是出于好意，但我猜你已经陷入了一个恶性循环——戈尔迪往前拽，你就说"跟上"，然后你往回拉，它被你拉疼了，又往前拽，你又说"跟上"……如此循环，直到你们最终到达公园。然后，戈尔迪就会从勒紧它脖子的项圈中解脱出来，而你刚刚用力过度的手臂才能放松一下！

当我们考虑口令及其含义时，我们的出发点应该是"这对狗狗来说意味着什么？"

"跟上"这句话对戈尔迪意味着什么？目前，最好的情况是：

戈尔迪向前拽绳时，你说

"跟上"。

戈尔迪再次向前拉拽绳子时，你说"跟上"。

"跟上"这个口令和什么行为形成了关联？拉绳子！（我打赌你以为它的意思恰恰相反！）

而最坏的情况是：

🐾 你说"跟上"，然后猛地一拉牵引绳；

🐾 "跟上"没有被当作引导行为的口令；

🐾 "跟上"被用来预示你马上要拉绳子了。

这可不是鼓励狗狗待在你身边的方式。

口令可以用语言表达出来，就像我们平时做的狗狗训练一样。比如，你说"坐下"，狗狗就坐下。然而，口令也可以从环境中去获取。在我们之前的例子中，当戈尔迪穿着胸背带看着你时，你已经做了大量的基础工作来强化它的静止标记行为，那么未来当它穿着胸背带移动时，这又是一个新的口令。你得让它明白，做出标记行为是有奖励的。此时，没有必要添加口令，也没有必要用力拉绳子，身穿胸背带和得到正确的强化就足够让戈尔迪明白要怎么做了。专注于强化正确的行为，而不是惩罚错误的行为，这是训练的本质。

好消息是，你不需要总是用零食来强化狗狗的行为，零食奖励只是一个热身活动。最终，散步的乐趣、体验新气味的机会和公园里有趣的事物会自动强化狗狗松绳散步的行为，但在训练的初级阶段，零食才是王道。

一旦你完成了所有的基础工作，并多次对标记行为和松绳散步做出有效的强化，那么当戈尔迪过于兴奋并在散步途中往前拉拽绳子时，你就可以停下来，而没有必要把它拉回来。如果你之前给的零食足够多，它很快就会意识到自己应该回到什么位置，所以散步这种训练方式可以继续采用。

　　松绳散步通常被认为是一种容易掌握的运动，但根据我的经验，它其实是最难的运动之一。原因是，在我们训练狗狗之前，就期待狗狗可以做到。

　　通过在行动中强化"标记"来打好坚实的基础，你们俩很快就能从散步中获得乐趣，你也可以保持身材。祝你成功！

第四节 托下巴

你好，史蒂夫：

    我有一条史宾格犬，名叫罗西，它最近得了结膜炎，幸好在我给它定期滴眼药水后就痊愈了。但每当我给它滴眼药水的时候，它就会非常抗拒，有时甚至会在知道要滴眼药水的那一刻消失！兽医说结膜炎很有可能会复发，所以我想知道有什么针对性的训练可以让我在将来给它再次滴眼药水时不那么狼狈，因为这次我已经用尽了我所有的技巧和智慧了！

    非常感谢！

露西

史宾格犬

你好，露西：

没问题，我马上给你制订一个训练计划，要不然你可能会像一只无头苍蝇一样到处乱窜，只是为了往罗西的眼睛里滴几滴眼药水！

我们将采取以下的措施来应对这一问题。

首先是改变"情感联想"。目前，罗西对滴眼药水产生了一种不好的情感联想，它一旦知道要滴眼药水了就会躲起来，我们希望尽可能地改变这种情况，将这种负面的联想扭转为正面，让它喜欢上滴眼药水。我建议先从容易实现的目标开始，去掉那些在过去容易让罗西产生负面联想的元素。

- 🐾 改变存放眼药水的地方。如果厨房的橱柜会让罗西充满即将滴眼药水的恐惧，那就把眼药水的瓶子放在走廊的抽屉里吧。

- 🐾 改变眼药水的外观。如果你坚持使用同一个品牌，那也没问题，但我希望你改变瓶子的外观，也许可以用蓝色绷带包裹一下，这样看起来就完全不一样了。

- 🐾 改变眼药水的气味。狗有非常强大的嗅觉系统，它们能嗅出1.6千米外的味道。你可以用绷带裹住瓶子，并在上面滴几滴薰衣草精油。我们要通过训练让罗西明白，薰衣草香味对它只有好处，没有害处。

- 🐾 改变滴眼药水的环境。我们在之前已经尽可能地做好了准备工作，让我们开始给罗西创造积极的条件反射吧。如果你以前在厨房给罗西滴眼药水，那我希望你现在在客厅里给它滴眼药水，这样它就不会再怀疑你了。

当你和罗西在客厅时，你就从抽屉里把瓶子拿出来，给罗西吃一点零食，再吃一点，然后把瓶子放回去。

重复几次，每次罗西看到你拿出瓶子，就给它喂零食，然后把瓶子放回去，喂食也随之停止。

这样你就建立了一种积极的联想：瓶子出现，美好的事情就会发生。

把上面的过程重复几次，从抽屉里拿出瓶子，坐在椅子上，接着喂零食，再喂些零食，然后停止喂零食，把瓶子放回去。

当你发现，罗西看到你在进行上述步骤时表现得非常兴奋，你就已经在实现轻松滴眼药水的路上成功一半了。

这个训练的第二部分是教罗西学会"托下巴"。在我们的训练下，罗西会开心地把头搭在你手上，这样你就可以安全地给它滴眼药水了。

通过改变"情感联想"和"托下巴"训练，一方面罗西用良好的状态接受了滴眼药水这项活动，另一方面我们强化了罗西"托下巴"的动作，这样它就能顺利完成滴眼药水的过程了。

一次顺利的"托下巴"过程应该是这样的：

- 你坐在椅子上；
- 你将左手掌心朝上并放在两膝之间；
- 你说"托下巴"，然后罗西高兴地把它的下巴放在你的手上，这样就创造出了一个理想的滴眼药水的机会。

我们可以按照以下方法教罗西学会"托下巴"：

🐾 你坐在椅子上，让罗西坐在你的两膝
之间并面对着你，然后用右手给它喂
10块零食，一次喂一块。当你喂到最
后一块零食的时候，把零食扔出去，
并让罗西去捡。我们一开始在同一个位置给罗西喂
几次零食，是为了让罗西在想要得到零食的时候"坐在
你的两膝之间面对着你"；而把最后一块零食扔出去，
是为了让罗西吃完后能回来。我们想要培养的是自愿的
行为和动作……

🐾 等到罗西吃掉了你扔出去的零食，再拿一些零食放在右
手上给它看，以此吸引它回到你的两膝之间。此时你的
左手要掌心朝上并放在两膝之间，用零食诱导它把下巴
放在你的左手上。当它的下巴碰到你的左手掌时，说一
声"好样的"，然后把零食喂给它，接着把第二块零食
扔出去，并让它再捡回来，确保你的手边有足够的零食
可以补充和重复以上步骤。

🐾 如果罗西能够在你右手上没有放零食的情况下依然回到
你腿边，说明以上步骤已经进行得很顺利了。但是你仍
然要用右手诱导它把下巴放在你左手上，并且在它乖乖
做到后说一声"好样的"，然后从袋子里拿出一块零
食，放进它的嘴里，并再扔出一块零食让它去捡，这样
你就可以继续重复以上步骤……

🐾 步骤和上面相同，但是这次我们用口令来提示它。当

它将下巴对准你的左手掌时，你说一声"托下巴"。确保你的左手一直是掌心朝上，因为这将成为提示"托下巴"行为的重要标志。在它把下巴放在你的左手掌上后，停顿1秒钟，然后和它说一声"好样的"来强化这种行为，接着喂它一块零食，扔出一块零食，在手上补充一块零食……重复以上步骤。但是注意，在每次成功后，我们都要在喂食前增加1秒钟的等待时间。

- 🐾 如果你发出"托下巴"的口令，罗西就会听话地把下巴放在你的手掌上，此时你就不需要再扔零食了。这时，只要达到"托下巴"的时长要求，你就说一声"好样的"，然后把食物喂到罗西嘴里。

- 🐾 为了有效强化"托下巴"行为，我们可以开始添加一点额外的动作和一些干扰元素（这也是在模拟实际滴眼药水的过程）。比如，当罗西把它的下巴放在你的手掌上时，轻轻抚摸它的肩膀，然后摸它的头（为了分散注意力），对它说"好样的"，接着移开你的左手，以此强化罗西的"托下巴"行为。随着动作慢慢增加，你可以在罗西把下巴放在你手上时，用一个空的眼药水瓶子假装给它滴眼药水，并说"好样的"来强化"托下巴"行为。

当以上步骤万无一失时，你就可以拿出经过我们改造的真眼药水瓶了。因为你此前做的无数次重复动作都能够给它带来积极的联想，所以在你真的要给它滴眼药水时，之前的联想会得以延续，罗西对你不同动作的忍耐度也得到了提升。如此一来，当眼药水滴落的那一刻，你说出"好样的"，它就会开心地等你给它喂零食了！

我相信，狗狗的感受比它的行为更重要。所以在进行以上步骤时，我们要小心翼翼，并保持细心和耐心。为了让罗西对所有与滴眼药水相关的元素都产生积极且稳定的情感联想，我们之前做的准备工作和重复动作都是值得的。

我们要让罗西知道，它可以在任何时候走开，拒绝你的动作，这不仅能够带来积极的联想，还能够增加它的自信和对你的信任。这是因为，我们扔出第二块零食的习惯会不断提醒它，它在觉得有必要时可以离开。这也是我们了解训练进度的好方法。你需要注意的是，如果它觉得有必要离开，说明你在进行上述步骤时太心急了。出现这种情况时，我们就结束这一次"托下巴"训练，在下一次训练时重新从最基本的动作开始，然后进行重复训练和强化。

"托下巴"可被用于许多不同的场景，比如梳毛、兽医检查和清洁耳朵。如果你想通过"托下巴"完成的任务需要用到你的两只手，比如刷牙，那就在腿上放一条毛巾，教会罗西把下巴放在毛巾上，而不是你的手上。鉴于罗西是一只史宾格犬，在夏天的几个月里，"托下巴"会派上用场，因为你要花大把时间来清除它毛发上沾满的花花草草！

我很喜欢训练狗狗的"托下巴"行为，因为狗狗学会了之后，我们做很多事都非常方便，而且这也可以让狗狗喜欢上以前不愿意做的事情。

第五节 召回

你好，史蒂夫：

    我家有一只22个月大的英国牛头㹴，它叫马文，我非常非常爱它。它有时候有点儿吓人，但是其实又很可爱。马文6个月大的时候，我们把它从收容所带回了家。它是一个超级友好的小家伙，所以我希望它可以不被牵引绳束缚，并且当我召回它的时候能够乖乖听话。作为一只牛头㹴，我知道一些人看到它扑过来拥抱可能会有点害怕，所以最好能有一个百分百可以把它召回的口令！马文特别喜欢一个叫塔吉的绳子玩具，如果我把玩具拿在手里挥舞，它就绝不会离开我超过1.5米。然而，如果我手里没有玩具，我就不敢保证能把它叫回来了！

    交给你了！

你的朋友

劳拉

牛头㹴

你好，劳拉：

看到你说你"非常非常"爱马文，我特别高兴。我知道你说的是真话，因为你清楚地记得马文刚好22个月大！我有一些朋友，当他们被问及"孩子"们多大时，他们会说："我不知道，12岁或13岁？"

我也特别喜欢牛头㹴。我感到非常欣慰的是，你能够明白牛头㹴有着像发射子弹一样冲上去跟人打招呼的那种"热情"，但这不是所有人都能接受的。首先，不管别人（包括训犬师）怎么说，我想强调，没有一只狗是可以百分百被召回的。既然说到这里，我们可以这样设想：你和我说的是同一种语言，我们也完全懂得"过来"的意思，我确信我们的智商和礼貌程度都高于平均水平，但即使这样，我也不能保证我叫你时你就会来，反之亦然。没有百分百有效的召回，即使是对人类也没有。所以，不要有那么高的期待。我们能做的是放大有利因素，这样才可能尽力召回马文。

你说它喜欢它的绳子玩具？太棒了，我们肯定会利用这一点，而且在训练时我们要在它的胸背带上套一根长长的牵引绳，以防意外，也防止马文突然跟路上的行人或其他套着牵引绳的狗狗打招呼，成为"不速之客"。就像我之前提到的，让我们的狗狗跑到另一只狗狗身边，如果那只狗狗套着牵引绳，这绝对是行不通的，也不公平——很简单，你肯定知道，狗狗被套上牵引绳肯定是有原因的，可能是它们不喜欢和其他狗狗玩耍，可能是它们受伤了，也可能是它们的主人不能安全召回狗狗。不管是什么原因，只要其他狗狗拴着绳子，我们就不要上前了。

好了，接下来是我们的训练计划，我们要做的是把"过来"这条口令和绳子玩具进行"配对"。如果狗狗不那么喜欢玩具，那我们就要使用一些能够同样让它们愉悦的东西，比如蛋糕或拴在绳子上的小球。记住，重要的不是"过来"这句话对我们来说有什么意义，而是对马文来说有什么意义。

先从安全的地方开始训练，比如你家的后花园。不要一出门就马上开始训练，毕竟外界环境丰富多彩，可比我们更能吸引狗狗的注意力！所以最好能让马文闲逛几分钟，轻轻拍拍它，让它看看花园里新奇的小玩意儿。

一旦环境中没有能让它分心的元素了，你就偷偷走向马文，当你靠近它的时候，用欢快的声音说"过来"，然后拿出绳子玩具，让马文享受30秒的快乐玩具时光，然后突然停止，安静地待在原处。

马文的眼睛会像电脑在缓冲时的光标一样旋转，但你已经开始将"过来"这条口令和"回到你身边会有好事发生"这个想法配对了。这就是"过来"这句话对马文的意义，即"回到主人身边会有好事发生"。跑回你身边——实际上的召回——只是它获得奖品（玩具）路上的一个免费赠品罢了。

几分钟后，你站在马文旁边，说"过来"，然后拿出绳子玩具，让马文再次享受属于它的快乐玩具时光——把这当成你日常锻炼的一部分吧！

在以上步骤经过几次重复之后，有两件事情会发生：

🐾 邻居们会以为你疯了而报警。但更重要的是……

🐾 马文会开始在你周围转圈圈，好像在说："加油，劳拉，再说一遍'过来'，我喜欢这个召回游戏！"

当你看到马文满怀期待地在周围转来转去，那么我们可以非常自信地说，"召回"训练——"过来"的游戏——已经开始步入正轨了。要确保在你喊出"过来"之前，马文是看不到玩具的。重要的是要让它知道，是"过来"这句话让玩具出现，并发出了游戏开始的信号。

重复几次以上步骤，然后把玩具收起来，结束游戏。

下次，你们再去花园时，让马文到处嗅一嗅，让它尿尿……然后趁它没有看你的时候，走远几步，说一声"过来"，接着拿出玩具，并且做出"疯了"的样子！就算它没有直视你（它肯定会。为什么不呢？你看起来都疯了，这时候每个人都会看你的！），接下来你们也可以一起玩。玩耍是狗狗最喜欢的事情，要让马文明白，只有在你说出"过来"以后才可以玩耍。

我们希望马文对你的召回口令"过来"的反应会像条件反射一样自然且迅速。如果我在你背后捅你一下，你不会自言自语："嗯，那个在我背后捅我的人是谁，我想知道他是谁？我要转身看一看……"相反，你会迅速地转过身来，这正是我希望马文对召回口令做出的反应。

你知道狗狗听到门铃声就会特别兴奋吗？这和我们现在做的事情道理是一样的。没有人会故意教狗狗在门铃响的时候兴冲冲地跑向门口，但是门铃响后就会有人进门，而这些人会让狗狗的大脑中产生让它们兴奋的化学物质。在足够多次的重复过后，门铃一响，狗狗就会跑到它们预测会有好东西的位置。我们的召回训练就是狗狗这种反应的延伸。你发出"过来"的声音，马文就跑到它预测会有好东西的位置——在这种情况下，好东西就是你和绳子玩具。

等到每次你喊"过来"，马文都会乖乖回来时，我们就可以升级训练环境，添加干扰元素，提高游戏难度了。是时候启用一根长绳子了。我希望你可以把一根5米长的绳子套在马文的胸背带上。如果你们在安全的地方，你可以让绳子拖在马文身后的地上；如果你不确定环境是否安全，也可以把绳子牵住，以防万一。或许你们可以在公园里的一个安静之处进行训练。只有在马文听到你说"过来"的那1秒像美洲豹一样迅速跑回来，并且次次如此的时候，你才可以逐渐增加召回训练的强度。

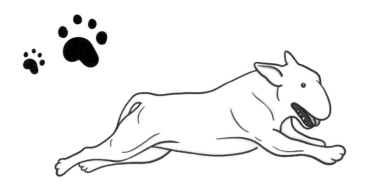

提醒一句：你在上述训练中所付出的努力都是为了教会马文，"过来"这个口令预示着美好时光即将开始。我曾见过太多的人在早期非常努力地告诉狗狗这个规律，但一旦召回变得容易，他们往往会松懈下来，然后经常使用召回口令来结束美好的时光。也就是说，只有在走完一段路，需要把狗狗套上牵引绳回家的时候，他们才会喊"过来"。唉！这就像我儿子和朋友们一起踢足球时，我叫他回家一样扫兴。"过来！快点！我在这儿！"最后他小跑过来问我："怎么了？"我说："你打扫房间了没？"这样一来，下次我再叫他，他一定会慢吞吞的，对吧？

每次散步的时候，你都要做一些有积极作用的召回，这是很重要的。每次都要确保把马文叫回来对它来说是有好处的。你的作用就是让它相信，你呼唤它时它跑回来，是一个正确的决定。

对狗狗的训练应该是一种当下的享受和一种未来的投资。拥有一段成功召回的历史很重要。如果未来某一刻，需要让马文远离危险，那么能否成功召回它并不取决于你在那一刻是怎么做的，而取决于你在过去所有成功的召回经历中是怎么做的。

随着召回马文成功率的提高和你信心的增强，你就可以在散步时放松下来了，因为你知道召回口令已经非常有效了。

不要沾沾自喜，因为有一件事是肯定的：召回狗狗的效果永远不会一成不变，要么会提高，要么会削弱。

而这都取决于你！

第六节 抓项圈及套牵引绳

你好，斯蒂芬：

    我有一只英国斗牛獒，名叫查德。它现在学得非常精明，我们每天散步要结束的时候它就在公园里玩起了"躲猫猫"的游戏。大多数情况下它是听从召回口令的，但是一到散步即将结束的时候，想要我到它是真的不容易。时间最长的一次，它足足躲了30分钟。除非我学会怎么使用项圈，否则它一定会马上打破这个纪录的！它是非常乖巧的，而且公园是全封闭的，所以没有什么危险，只不过我它的过程真的很浪费时间，还让我非常尴尬！

    谢谢你的帮助！

菲尔

斗牛獒

你好，菲尔：

你叫我什么？"斯蒂芬"？你怎么和我妈妈一样，还能把我名字写错？

你说到查德在散步时学会了"躲猫猫"，我好奇是谁教会它的呢？就像我在《狗狗训练从零开始：训狗技巧一点通》一书中提到的，狗狗总是在学习，不过令人讨厌的是，它们学的东西不一定是我们认为要教给它们的东西。

为了确保你永远不会像护送摇滚明星离开音乐会一样，把外套披在查德身上护送它离开公园，让我们来告诉你"抓项圈"的妙处所在。对于一只学会了"躲猫猫"的狗狗来说，这是一个非常重要的安全训练。万幸的是，你们当地的公园是封闭的，但是我希望，即使查德跑到不那么封闭的地方时，你们也可以安然无恙。

首先，出于舒适性和安全性的考虑，我更喜欢把狗绳拴在狗狗的胸背带上而不是项圈上，所以接下来我会为你介绍"抓项圈"和"套牵引绳"这两项训练。

"抓项圈"训练

🐾 晚上，当你们都在家里且身心放松时，请你坐在查德旁边的地板上，背靠着沙发，抚摸它一会儿后，说出"抓住"，然后轻轻地把两根手指放在它的项圈下，并说

"好样的"，接着给它吃一块零食。如此重复10次。

🐾 第二步，继续做出上述动作，但是当你说出"好样的"的时候，把零食扔出去，给查德一个自己走回你身边的机会。这一步很重要，因为除非你有挠痒痒先生[①]的超长手臂，否则我们就要训练这个"走回你身边"的步骤，这一步在现实生活中很有用。很快，查德走回来时会把它的项圈朝你手上靠，好像在说："来吧，抓一下我的项圈！"如果它的确如此做了，那么恭喜你，我们的训练初见成效了。我一直认为，我们要让狗狗相信，是它在训练我们，而不是我们在训练它。重复10次以上动作。我们的目的是改变查德脑海中对"抓项圈"的情感联想。抓项圈不再预示着坏消息，比如散步要结束了，而是预示好消息——有零食吃！

🐾 在你扔出了第一块零食后的这个阶段，坐到沙发上并将双腿打开一些，让查德可以走到你的两腿之间，以便你抓到它的项圈。这有助于培养查德亲近你的习惯，并打破过去使它与你保持距离的无形磁场。你在即将抓到它的项圈之前说出"抓住"这条口令。进行多次重复动作，只要查德享受这个过程，那么重复次数越多，它就会越高兴。

---

① 译者注：挠痒痒先生（Mr. Tickle），英国童书系列作品《奇先生妙小姐》中的人物，作者是英国作家和童书插画家罗杰·哈格里维斯（Roger Hargreaves）。

在过去，你突然把手伸向它可能是在向它发出信号，告诉它有好事要发生，比如给它一个拥抱或吃点零食；也可能是告诉它有坏事要发生，比如它不能跟其他狗狗朋友玩耍了，或者要结束一次好玩的散步了。在我们训练的这一阶段，包括以后的日子里，要确保查德每次听到"抓住"这个词时，都预示着好事要发生。重要的是，"抓住"这个词要做到可以消除查德的所有疑虑，我们能消除的疑虑越多，那么狗狗的行为就会越可靠、可信、可预测，并和我们所期待的更加一致。

注意，先抓住项圈，然后喂零食。做出预示喂它零食动作的手应该是你放在项圈上的手，而不是你伸进零食袋的手——这是一个非常重要的区别。

随着训练进程的推进，让我们来添加一些元素：

🐾 "抓住"口令+你用手抓住狗狗的项圈=口头鼓励"好样的"+零食

让我们再加一些现实生活中会出现的变量，比如：

🐾 抓项圈的角度。你可以尝试用左手抓项圈、右手抓项圈，抓项圈上面、抓项圈下面……

🐾 抓项圈时你的姿势。你可以坐着、站着，甚至躺着。

🐾 抓项圈的力度、速度、持续时间，等等。

🐾 抓项圈的人。在某些紧急情况下，

可能需要别人去抓查德的项圈。考虑到这一点，你可以邀请几个朋友或家庭成员来帮你做一些抓项圈训练。

"套牵引绳"训练

等到我们完成了以上所有的事情，我们就要添加另一个重要的元素——牵引绳。

查德之所以学会了在某些特定的地方离你远远的，是因为被套上牵引绳意味着快乐时光的结束。我们要做的就是颠覆查德的这种想法，让它知道，被套上牵引绳代表的是快乐时光的开始，而非结束。

🐾 请你继续坐在之前进行"抓项圈"训练的客厅沙发上，说一声"抓住"，当查德把项圈向你的手靠近时，抓住项圈，然后把牵引绳套在胸背带上面，并对它说"好样的"。之后，做出一系列让查德感到快乐的动作：抱抱

它、夸夸它，给它吃很多零食、看很多猫猫照片……只要是查德喜欢做的事情，就把这件事和套牵引绳的动作联系在一起。

🐾 重复第一步，但是每次变动一下套上牵引绳和拿出零食之间的等待时间。有时是1秒，有时是5秒。这样一来，它以后就会在被套上牵引绳后主动把注意力集中在你身上。

🐾 一旦你完成了以上所有内容，我们便可以将查德带到户外，开启真实的体验活动了。先去环境干扰较少的花园，更重要的一点是，在那里你们成功的可能性更高。一开始，让查德站在你旁边，你说一声"抓住"，然后抓住它的项圈，把牵引绳套到它的胸背带上，说"好样的"，然后强化这个行为。

🐾 现在让我们来试试完整的过程：喊一声"过来"（参见"召回"训练），当查德向你跑来的时候，你慢慢后退几步，说一声"抓住"，然后抓住它的项圈，把牵引绳套到它的胸背带上。接着，就让查德享受快乐时光吧！

很好，现在训练已经进行得非常顺利了，接下来我们要把以上训练应用到日常的散步中。为了追求现实场景中的应用效果，在公园散步时，请你先重复几次之前我教过你的抓项圈训练（你可以选择坐在长椅上），帮助查德回忆起整个过程，并且为接下来的活动奠定基础。如果你想更加保险，就在查德的胸背带上系上一根长长的牵引绳，这样它就不会溜走了，也不会因为要跟其他狗狗打招呼而忽视你。

如你信中所说，查德肯定知道在你们散步的最后阶段，套上牵引绳就意味着要回家了。为了达到我们的目的，你需要在散步时在不同的地点进行"抓项圈"和"套牵引绳"的训练，确保当牵引绳被套上时查德的表现良好。实际上，你可以召回查德，抓住它的项圈，把牵引绳系在它的胸背带上，然后说"好样的"，并给它多吃几次零食。再往前走几步后，把绳子取下来，停止喂零食，继续散步。接着，在散步中的不同地方，给查德套上牵引绳，让它赢得零食、玩具或拥抱。然后取下牵引绳，让它自由地在公园里探索。在每次散步结束的时候，在停车场附近和查德进行多次"套上牵引绳=有零食吃"的游戏，再最后一次把绳子套在它身上，然后就可以回到车上了。

结束点至关重要：确保你在最后的"套牵引绳"的游戏上做了足够的强化，并让查德记住，套上牵引绳预示着快乐的开始，而非结束。

好了，我真的希望这些能帮助你们俩更享受散步的过程。如果效果不错，那我的工作也就算完成了。

第七节 趴下

你好，史蒂夫：

　　我真的很喜欢你拍的视频，但是我找不到如何教狗狗"趴下"的视频。帮我个忙，给我透露一下教狗狗"趴下"的技巧，可以吗？

　　　　　　　　　　　　　　　　　　你的朋友

　　　　　　　　　　　　　　　　　　布鲁斯

狗狗坐下

完全趴下

你好，布鲁斯：

很高兴认识你。

"趴下"对任何狗狗来说都是一个很有用的训练。当你想在咖啡馆或酒吧里待一段时间，并让你的狗狗"关机"休息一会儿时；当你要给狗狗修剪趾甲、梳理毛发、清洁耳朵时；又或是当有些人在狗狗身边会感觉不自在时，"趴下"训练就派上用场了。我有一条德国牧羊犬斯塔菲，当我让它趴下时，我能明显感觉到我的朋友自在多了。鉴于"趴下"口令有这么多的用处，我们必须要掌握。

以下有几条训练方法。

从诱导狗狗坐下开始

先让你的狗狗"坐下"，如果需要的话，用零食诱导它抬起头来坐下。当你的狗狗坐好后，慢慢地把零食从狗狗的鼻子笔直地移动到地面，放在狗狗的前爪之间。通常，当狗狗的头随着食物垂下来时，它们的屁股会从地板上抬起。嘿！抬屁股的原因是狗狗的脑袋被零食吸引，呈现出头部向下、身体向前的姿势。

如果出现了这种情况，确保你把零食放在狗狗前爪之间，如果

还不行，甚至可以把零食放到狗狗前腿之间，这样问题就解决了。

🐾 当狗狗的胸部和前腿接触地面、身体呈趴下姿势时，对它说"好样的"，以此来标记这种行为，并给它吃块零食。在这个阶段，我希望你在狗狗保持趴下姿势的时候，再喂它几次零食。这样做不仅可以强化狗狗做出趴下这个动作，还可以让它认为继续保持这个姿势也会得到奖励。如果你的狗狗站起来了，没关系，只要在它站起时停止给它喂食就好了，并且下次当它趴下时你要喂得快一点，别那么小气！

🐾 重复训练几次，这样你就可以培养狗狗形成一个好习惯，然后继续上面的步骤：当狗狗呈坐下的姿势时，对它说"趴下"，然后等到狗狗趴在地上后，再说"好样的"，并继续强化这一动作。

在这儿我想说点题外话，我想知道为什么狗主人通常在发出其他狗狗训练口令时都会以一种快乐的、调皮的口吻说出来，比如"跟上上""坐下下"。然而，奇怪的是，当发出"趴下"的口令时，狗主人反而像是在恶狠狠地咆哮："给我趴下！"这种事经常发生，不可能只是巧合，但是，嘿，你不要成为那些奇怪的人之一。记住，当使用正向强化时，我们的口令代表的是——有且只有好事会发生。

既然狗狗听到口令后就会乖乖趴下了，接下来，在狗狗做出正确动作之前，我们就不拿零食诱导它了，而是把零食作为它做出动作之后的奖励，以此来进行强化。你的肢体动作保持不变，不过手里不要拿零食诱导它把头低下，当狗的前腿和胸部接触到地面时，说"好样的"，然后用另一只手从袋子里拿出零食来强化它的行为。同样地，如果你的狗狗继续保持趴下的姿势，就大方地多给它吃几次零食。

随着时间的推移，请你慢慢减少手势指令，以保证以后用口令就足够让狗狗明白你的意思。如果要做到这一点，你的口令要始终保持不变，但每次减少10%的手势。这点尤为重要，因为如果你身材高大，你在做手势的同时也要俯下身子，那腰可受不了。

现在开始延长等待时间。狗狗胸部和前腿接触到地面后，请你等待2秒钟再说"好样的"，然后通过喂食强化。之后等待5秒、10秒，以此类推……时不时地突然把时间缩短到1秒钟，让你的狗狗始终集中注意力（毕竟趴下时还要保持专注实在太难了）。

现在，添加干扰因素，并且检验你的训练效果。在不同的地方训练，比如室内、室外、喧闹的地方、安静的地方等。在无数不同的环境中，你的口令和行为需要保持准确不变，从而使狗狗可以做出正确、可靠、强烈且灵活的回应。发出口令时你可以站着、坐着，对训狗爱好者来说——还可以背对着狗狗。祝你好运！

你可以通过两种方法添加距离到你的训练当中：第一种方法，让一个朋友拿着牵引绳，或者让你的狗狗站在门后，你退后几步再发出趴下口令；第二种方法，你可以像之前那样正常发出趴下口令，不过一旦狗狗做出正确的行为，请你走到几步之外，以此增加你们之间的距离，然后回到狗狗旁边，用一声"好样的"来标记这种行为并通过喂食强化它的行为。

注意：就算你的狗狗不能在第一次听到口令时就趴下，也请你不要养成发出多次口令的习惯，这样做太草率了。我们希望趴下口令就是一声"趴下"，而不是"趴下，趴下，趴下，趴下，趴下，趴下，真乖"。相反地，我们应该回到狗狗听到一次口令就趴下的时候，重新开始强化它的行为。

记住，我们是怎么训练的，狗狗就会怎么做。一旦你开始发出多次趴下的口令，你训练狗狗时就会变得越来越大声，越来越不开心！

升级口令：从诱导狗狗站立开始

在现实生活中，有时候你会希望你的狗狗以坐着的姿势趴下来，有时候希望它以站着的姿势趴下来。我们需要对这两种可能性都进行训练，因为这两种姿势对狗狗来说是完全不同的，就像你从地板上站起来和从椅子上站起来是不同的一样。所以，为了让狗狗从站着的状态变换到趴着的状态，你可以遵循以上所有步骤，但是不是从坐姿开始，而是要从站姿开始。之后我们训练紧急卧倒时，这一招也是非常有用的。

当我们诱导狗狗从站姿开始趴下时，我们要逐步引导和强化，最终让狗狗呈现理想的姿势，请你大胆地执行这个过程。举个例子，利用几次重复训练来标记（利用"好样的"）和强化（利用零食）狗狗放低脑袋至地板上的行为……然后标记和强化放低前腿的行为……接着是放低胸部。等到狗狗的行为和你的诱导行为能够保持一致了，再添加口令，并进行"3D"训练（增加分心元素、延长等待时间、拉长散步距离）。

"捕捉"在浴室趴下的行为

这一招很有意思。我们训练狗狗从站姿变换到卧姿时，采用的方法叫作"塑形"（这是对最终目标行为的逐步强化），而"在浴室趴下"训练则侧重于一种叫作"捕捉"的方法。

为了捕捉狗狗趴下的行为，我希望你尽可能地调整训练环境，确保环境对我们的训练是有利的，不要把时间浪费在"让狗狗别乱跑"上面。

跟着我的指导，但我建议你拿上一本好书（一本教你用好玩的方式训狗的书，请容我推荐《狗狗训练从零开始：训狗技巧一点通》）、一条超级舒服的毯子和一罐零食，然后带着你的狗狗走进浴室……

🐾 把零食放在狗狗够不着的地方，然后坐下来看书……

别理它，它肯定想在周围到处嗅嗅，随它去吧，它很快就会厌倦的。把毯子放到浴室地板上（如果你的浴室地板铺的是地毯，你需要的不是训犬师，而是一位心理医生，或者至少是一位室内装修设计师和一台高压冲洗机），由于空间有限，你的狗狗很快就会停下来。这时它看到柔软的毯子，会叹一口气，然后趴在上面。一旦它趴下来，你就温柔地说一声"好样的"，然后给它喂零食，最好是在它还趴在毯子上的时候喂零食。如果在你说完"好样的"且还没有拿出零食的时候，它就站起来了，不要担心，继续强化它的行为，不过要注意在浴室这个封闭空间里喊"好样的"时不要太大声。

🐾 训练时间不要太长（有人可能需要上厕所），你很快就会注意到，当你再次进去把毯子铺在浴室地板上时，你的狗狗会马上趴在毯子上，期待着奖励。

很好，现在是时候添加口令了……

🐾 把毯子放在地板上，当你的狗狗做出要趴下的动作时，跟它说"趴下"；等到它趴在毯子上了，说"好样的"，并以零食奖励作为强化。

🐾 现在你已经添加了"趴下"口令，接着你可以改变训练地点，让狗狗适应不同的环境，此时毯子也不再是必需的了；当你想要继续进行"安定"训练时，你就可以利用之前让狗狗形成的条件反射了。

关于"趴下"训练的最后一件事：如果你发现训练进展缓慢，或者不符合你的预期，请检查一下狗狗是否受伤了。如果狗狗身上有伤，那么这个训练可能会让它感到不舒服。同时检查一下狗狗趴着的地方是否舒适，有没有会让它难受的东西，如裸露的木地板或结霜的地面。

什么情况会让训狗者非常恼火？那就是狗主人说的是"趴下"，但狗狗可能以为是"走开"，要不要和我写篇万字长文"吐槽"一下？

第八节　罗姆狗和名字反射

你好，史蒂夫：

　　6个月前，"罗姆狗"哈吉终于搬进了我们在伦敦的家，在整个过程中，我们的情绪像坐过山车一样起伏。我们猜它大约6岁了，考虑到它的出身和它之前在回家路上的表现，我可以很欣慰地说，它的表现还是非常不错的！

　　虽然哈吉喜欢和我一起散步，但当我们在人行道上散步时，它偶尔会突然停下来！它看起来不像是遇到了让它紧张的事，只是想好好看看周围的风景。老实说，我不介意和它一起停下来，等它准备好了再走。但就在最近，有一次它又"粘"在人行道上不肯走，这时有一家人推着婴儿车向我们走来，而我能做的只有用力把哈吉拉到一边，让这家人通过。显然，我不想对它这么粗暴，所以如果你能给我一些建议来治治它的选择性耳聋，我会很感激的！

贝丽尔

"罗姆狗"

你好，贝丽尔：

　　谢谢你的来信，很高兴听到你和哈吉的事情正在朝着好的方向发展。为了我们的读者能够理解，让我来解释一下什么是"罗姆狗"——通常是指从罗马尼亚获救并被带到英国收养的狗狗。让人感到不幸的是，罗马尼亚的流浪狗数量非常多，这些狗狗在被抓捕的过程中经常被虐待，然后被丢到收容所，14天后再被杀死。有些狗狗逃了出来，被救援组织收留，通过运输网络最终进入了英国的各个家庭。许多狗狗出生在贫困的环境中，而来到英国后，它们可以住在房子里，接触到我们习以为常的繁华与热闹，很有可能会不知所措，甚至出现严重的问题。但是不得不说，听起来哈吉对这一切接受得很好。真棒！

　　我建议你教给哈吉一个我称之为"名字反射"的训练，必要时可以让它注意到你。但我想让你先做一下排除法，确保没有别的因素造成它站在路上不动，如果有干扰因素的话，我们还需先解决这些问题。

　　🐾 **身体健康**：也许你已经检查过了，但如果没有，我希望你给哈吉做一个全面的检查，以确保它的视力、听力、关节等都是正常的。我记得许多年前我训练过一只英国牛头㹴，我第一天以为它是聋的，它压根听不见我的口令。直到我的一个同事打开一包薯片——我从来没有见过一只狗狗这么快地180°转身跑向声音的来源！（原来它不是聋子，大概是我说的话不值得它听吧！）

🐾 精神压力：虽然哈吉适应得不错，但我们要记住，对它来说，从罗马尼亚的街上来到伦敦就相当于我们在木星上醒来时看到了地球人类在欢度狂欢节，又或者是在卢顿（英国城市）度过一个工作日。有时，当我们到了一个新的地方，到处都是不同的景象、声音、气味和纹理，我们只想要停下来，试着放慢信息加载的速度。你在这方面很有同理心，你愿意停下来，等它做好准备后再开始下一步行动，这一点真的很值得表扬。这种可以自己做选择、自己控制事情发展的感觉对哈吉来说弥足珍贵，因为这会给它带来信心，让它相信你会允许它按照自己的节奏来体验生活。做出选择的能力是我们——狗狗和人类——所能拥有的最强大、最能赋予我们自由的力量之一。为了缓解精神上的压力，也许可以坚持在熟悉的地方散步一段时间，以减少新鲜感的轰炸。当你带哈吉一起进入一个新的环境时，不要把它看作是一次"散步"，而是把它看作是一次放慢节奏的机会，坐在长椅上或树下，静静地感受时间流逝。这样哈吉仍然可以从新鲜的探险中获益，但区别在于，它可以在体育场观众席观看一级方程式大奖赛，而不是直接站在赛道上观看！

🐾 变量：戴上你的侦探帽吧。在它停下来不肯走的时候，你有没有发现什么共同点？

当时的时间是？

是不是天黑了？

牵绳的人是否不同?

天气如何?

如果你真的发现了导致哈吉不肯走的症结所在,温柔地让它以一种轻松的方式接触那个特定的元素,逐渐建立它的信心,并帮助它在那个环境中变得更加舒适。

最后,在解释"名字反射"之前,我想确定你之前没有在无意间强化过这种行为。我此前也遇到过一些类似的情况,即狗狗在散步时突然停下来。起初,在咨询和评估过程中,我常问狗主人一个问题——"当它停下来的时候,你会怎么做?"不止一次,他们的回答是:"嗯……我会拿出零食来鼓励它迈开腿……"

问:狗狗如何训练人类给出食物?

答:停下来!

我们训练什么,就会得到什么。

名字反射

那么,排除了上述因素后,让我们一起进入"名字反射"的教学。要想让哈吉注意到你,我们可以训练它对自己的名字产生条件反射。这种行为就像汽车的动力转向,它不需要消耗任何体力就可以完成。这是一种不太寻常的行为初步训练方法,因为哈吉能否得到奖励,并不取决于它是否看向你。我知道,这时候你肯定毫无头绪，这就对了。

在一开始，我们并不会将零食奖励与狗狗的行为进行关联，而是将零食与它的名字进行关联：

- 🐾 请你和哈吉坐在一个舒适、安静且熟悉的地方。
- 🐾 在你的零食袋里放一些零食，但不要将零食拿在手里。我希望预示好事即将发生的标志不是"你手里拿着零食"，而是你呼唤"哈吉"的声音。
- 🐾 保持片刻安静，请你叫它一声"哈吉"，然后把手伸进袋子里，拿出一块零食给它吃。重要的是，哈吉的行为与其得到零食之间没有关系，它是否看向你也根本不重要。这一步的重点是让它明白，你叫它"哈吉"的时候，它就可以得到零食。就是这么回事儿。
- 🐾 几秒钟后重复以上步骤……再重复一次……再重复。
- 🐾 有时，在你说出"哈吉"和喂它零食之间停顿5秒钟，有时停顿20秒钟，有时停顿2分钟。通过足够多次的重复，你会在它的名字和零食之间建立起有效的联系。尽量让你的语气和音量保持一致，你很快就会发现哈吉真的很开心，因为它一听到自己的名字……砰！它将情不自禁扭头看向你——就像条件反射一样。

初始阶段的训练需要在一个非常安静的地方进行，这是非常重要的，这可以为你后续的训练打下基础。当你20次呼喊哈吉的名字，它20次都会转头看你时，你就增加一些干扰元素，然后继续训练以提高成功率，接着在不同的环境中进行训练。

如果你叫了它的名字，它却不过来，没什么大不了的，它只是还没有习惯。你之前提到过，你认为让哈吉按照自己的节奏生活很重要，那么现在就往回倒几个步骤，回到没有那么多干扰元素的环境中去进行训练的巩固和强化。训练是一个过程，而不只是一个结果。

由于你的特殊要求，请确保你和哈吉能一起进行大量的训练，毕竟我们训练是为了轻松应对真实的生活场景。你们在路上可能会遇到婴儿车，或者更糟糕的是哈吉此时会"粘"在路中间。为了应对这些突发情况，在训练时，请你喊一声"哈吉"，然后后退几步，这样它就会习惯跟着你去领取零食奖励。这样你就可以游刃有余地在人行道上或马路上避让行人与车辆了！

如果你的家里人嗓门很大，总是喊"哈吉……这个""哈吉……那个"，却没有正经事需要哈吉去做，那么在做以上训练时，就不要使用它的名字了，另外想出一个你无法抗拒的、有特别意义的词或声音来呼唤它。让人无法抗拒的不是这个词的发音，而是它对哈吉的意义。我家里有很多狗狗，而我用来叫它们的词是"耶"。

教会哈吉对自己的名字产生条件反射，这无疑会帮你吸引它的注意力，但要记住，它的感受永远比它的行为重要。所以，在它和你即将展开新生活时，要在各个方面继续按照它的节奏来，给它机会，让它自己做出正确的选择。

听起来，你们俩都非常幸运能遇到彼此！享受你们共同的生活吧，哈吉真有福气！

第九节 急停

你好，史蒂夫：

　　我和我的贵宾犬马格努斯都很喜欢在乡间小路上散步。不牵绳的时候它也很听话，然而，为了让我自己安心，当我们从一片区域走到另一片区域时，我希望马格努斯不要离开我的视线范围。我在想，有没有办法能让它明白，走在我前面时要停下来等待，而不是在每次要转弯的时候都需要我用牵引绳把它拉回来，或者把它召回。

　　另外，在它还小的时候，有一次从我面前挤过去，跑到了马路对面，这时候把它召回是很危险的。所以，还是那句话，如果能让它紧急停下来就好了！

　　　　　　　　　　　　　　　　　　　　　　　沃伯顿太太

贵宾犬

你好，沃伯顿太太：

我这里刚好有一个适合你和马格努斯的训练，叫作急停！

是时候展示真正的训狗技术了！如果你在一个安全的地方，可以在马格努斯不拴绳的情况下这么做。如果你不能确定环境安全与否，就在狗狗身上系一根5米长的牵引绳。

让我们开始吧！

😾 在地上放三四块零食给你的狗狗吃，这么做可以给你赢得一些从它身边溜走的时间。

😾 当它吃零食的时候，请你向后退几步（五六步就够了），只需要让你们之间有一点距离就行。

😾 在你的手上放一块零食，当马格努斯刚把地上的零食吃完，就要抬起头看你时，把你拿着零食的手举过头顶，像交警一样说："停下！"然后请你默数一拍，并在第二拍时把零食扔过马格努斯的头顶，让零食正好落在它的屁股后面。注意：你给它零食的方式非常重要。

当你说出"停下"时，我希望你再做出一个清晰的手势。可能在未来的某个时刻，你的狗狗会离你很远，所以为了保险起见，添加一个清晰的手势大有好处。同时，你要记住，口令在5

米外听起来和在50米外听起来完全不一样，但是手势却不会变，不管离多远，当你把手臂举过头顶，手势看起来都是一样的！

　　我想让你把手臂举过头顶，是因为这个动作能让狗狗看到清晰的轮廓；如果你只是把手臂伸在面前，那么这个动作信号就会被你的身体轮廓掩盖，从而难以辨认。

　　你手臂的动作应该分为两部分，就像飞镖选手投掷飞镖一样。他们会先假装要扔飞镖，然后在第二次重复动作的时候再真的扔出。这就是我想让你做的，在第一次动作时，请你喊一声"停下"，然后在第二次动作时把零食扔出去。我们之所以要采用这种两步动作的口令，是因为我们希望第一个动作——也就是你说出"停下"这个口令——预示着零食马上就要被扔出去了。

　　喊"停下"，然后喂零食；而不是喊"停下"的同时喂零食。

　　同样重要的一点是，扔出去的零食要落在狗狗的屁股后面，因为我们想要的效果是，你一说"停下"，狗狗就停在原地。如果零食落在它前面，那么我们其实就是在无意中鼓励它向前走了。如果你不擅长扔东西，没关系，多练习几次，你的技术会变好的！

经过足够多次的重复，你做出第一个动作并说出"停下"，此时狗狗看到你的手臂举在空中……期待着零食落到屁股后面的同时，它会怎么做？没错，它会停下来！搞定！

现在狗狗的条件反射已经形成了，你可以自行决定下一步该怎么做。你可以像之前一样，把零食扔到狗狗的屁股后面；也可以走到狗狗身边，在原地给它喂食；又或者扔个玩具让它去追；再或者直接说一句"你可以走了"，然后让它出去享受散步的乐趣。

下面是会让有些人恼火的情况……很多时候，狗主人被告知，只有在狗狗做对动作后才能给它们奖励零食——好吧，但这次却不是这么回事。为什么？你需要问自己一个问题："这对狗狗意味着什么？"

我经常会问狗主人："当你说'停下'的时候，你觉得狗狗是怎么理解的？"他们会回答："站着别动。"这时他们就会看到我扬起了眉毛。他们继续说："不要继续前进？"这时我另一边眉毛也扬起来了。根据我们之前的训练方法，当我们说"停下"的时候，狗狗理解的意思是"一块零食会落在我屁股后面"，仅此而已。

我们也说到做到了。每次我们说"停下"的时候，确实会有一块零食落在狗狗屁股后面。在训练的早期阶段，当我们说完"停下"后，甚至不需要关注狗狗是不是还在走动。我们始终如

一、坚定不移地说"停下"，就是代表会有零食落在它身后。一开始，我们只是让狗狗对这个词产生条件反射，而没有去强化它的行为。

现在，当我们重复了几次之后，狗狗就会明白"停下"这个词意味着什么，并且在听到我们发出这个口令后它就不会乱跑了，这就是这项训练附赠的效果。接下来我们可以开始强化狗狗正确的行为了。

等到每次你说"停下"，你的狗狗就会立刻站着不动的时候，你就可以在发出口令之前站得离它远一点，或去不同的地方训练，又或者延长狗狗做对动作和得到奖励之间的等待时间。

🎾 小建议：

🐾 使用足够大、颜色足够鲜艳的零食，以便和你们所站的地面颜色有所区分。

🐾 可以使用长的牵引绳，但是不要拉得太紧。

训狗讲究的是技巧，需要多多练习。你可以去花园，练习向花盆里扔10块零食，每扔进1块得1分。如果你的得分超过8分，恭喜！后退两步再扔一遍。如果你的得分低于7分，那就走近两步，你这个倒霉蛋！

急停是一个超级重要的训狗练习，它的重要性不仅在于它能最大限度地控制狗狗和保证安全，而且，当有人看到你的狗狗会急停时，就会觉得那真的是一件很酷的事！

第二章

问题行为和
解决办法

　　狗狗和我们一样，无论在什么时候，总是
会表现出自认为正确的行为。

　　很多时候，这些问题行为的出现是因为狗
狗感到紧张、惊恐，或者仅仅是因为在某些情
况下感到不知所措，不知道如何才能得到自己
想要的东西。在后续的篇章里，我们会采取双
重策略：首先，我们将深入剖析问
题行为产生的原因；其次，我
们会引导狗狗做出与问题行为
相反，且更得体、更易于被接受
的行为，让狗狗与我们都能实现
所期待的目标。

第一节　食粪癖

你好，史蒂夫：

　　帮帮我！

　　我的小拉布拉多犬萨利会在花园里吃自己的大便，真不知道它为什么要这么做！现在每当它上完厕所，我就会立即去清理，但是感觉它会和我比谁的动作更快，想抢在我前面把大便吃掉！真是要把人逼疯了（而且很恶心啊）！我该怎么办呢？

嘉玛

拉布拉多犬

你好，嘉玛：

稍后我们会讨论解决办法的，不过首先还是来看看萨利"为什么"吃大便？而从它的角度来看，就会变成："为什么不吃呢？"

我并不是想劝你别轻易评判萨利的行为，但你要知道，狗狗的祖先可能得耗费大量的精力来获取营养，冒着受伤和争斗的风险才能吃上饭。因此，它们吃掉自己眼前的"食物"是说得通的。动作够快的话，"食物"还是热的呢！抱歉，恶心到你了。

这么说吧，虽然食物已经被吃掉、被消化、被……好吧，咱们文明点说，"被排出"，但依然保留着部分营养物质，总归是有些食用价值的。听起来很恶心，是不是？

不过，如果我们用食粪癖（英文：Coprophagia）这个带着异国情调的名称来描述萨利的行为，也许你会感觉好一些。这个词由古希腊语中的粪便（Copros）和吃（Phagein）组合而成。

不，还是感觉很恶心，对吧？

总之，萨利吃大便的原因之一可能是为了轻松获取营养，所以你首先要确保它吃得好，没有消化问题。此外，如果我们追溯萨利的幼年经历，也许会发现另一个原因。在小狗出生后的前几周，狗妈妈会吃掉孩子的排泄物来保持生活区域的清洁，甚至可能是为了防止排泄物的气味吸引捕食者。所以，小狗可能会依葫芦画瓢，模仿妈妈的行为。

我记得有次去家访，主人采取手段让狗狗不在室内上厕所，却无意中鼓励了它吃大便的行为。有一次，这个主人在地毯上看到了狗狗的大便，感到非常震惊，于是采纳了一个糟糕的建议，按住狗狗的鼻子在大便上蹭了蹭。这个主人没有去探究狗狗为什么会在室内上厕所（是因为有压力？缺少户外活动？生病了？还是如厕训练没做好？），而是只关注它做了什么事，还想让它"罪有应得"。真是只可怜的狗狗。

主人既没有设法缓解狗狗的压力，也没有加强如厕训练，因此狗狗依旧会在室内上厕所。此外，惩罚还教会了它这个道理："只要主人看到地毯上有大便，就会有坏事发生。"所以它就学会了要把"证据"吃掉。所幸的是，通过拆解问题、建立狗狗的信任、大力加强户外如厕训练，问题最后得到了妥善解决。不过，要是主人一开始就采用了正确的方法，整件事就不会发生了。

好了，接下来，我们来聊聊你可以主动采取哪些措施来改掉萨利的习惯。

首先，请你确保花园里没有狗屎。如果你得先去清理一下，那就去吧。还可以开瓶酒，邀请几个朋友来看看你埋头捡屎的样子，这会很有趣的！另外，千万别让萨利看着你清理，我们可不想让它觉得你也很喜欢狗屎！

萨利现在的习惯是先拉屎，然后转身吃掉，而我们要帮它培养一个新习惯：首先，只要它想上厕所，你就带它去花园，然后在它拉完屎的瞬间，热情地把它喊到你身边，大方地奉上零食奖励，这样一个很棒的召回训练就完成了。

我们要让萨利在脑海中形成这个新习惯：

🐾 拉屎;

🐾 嘉玛喊我;

🐾 我跑向她，然后享用大餐！

要想养成这种习惯，你得坚持训练，精准把握喊萨利的时机，并且大方地给予奖励。希望你坚持做召回训练，并且必须让它跑向你，而不是你跑向它。千万别让问题变得更严重哦！

经过训练，萨利很快会把拉屎和跑到你身边吃零食联系起来，而不会急着把大便吃掉，新的行为习惯也就养成了，这时你就不用再喊它了。我相信你会帮它改掉旧习惯，养成健康又美好的新习惯，加油哦！

第二节　扑人行为

你好，史蒂夫：

　　我们需要你的专业指导！

　　我们养了一只爱尔兰赛特犬，名字叫鲁比，非常可爱。但是每当有客人从前门进来，它就会跳起来扑人，为此我们最近不得不找了位训犬师来纠正它。训犬师人很好，他说由于我们在鲁比扑人的时候允许客人拥抱它，给它关注，因此无意中鼓励了这个行为。他的解释听起来很有道理，所以两周前，我们开始让客人进门时不要理会鲁比，结果它反而会更激动地跳来跳去！现在只有让客人说"你好"，才能让它平静下来，停止扑人。这种状况真是叫人难以忍受，我们感到很沮丧。

　　现在该怎么办呢？

马克

爱尔兰
赛特犬

你好，马克：

你们已经很接近正确的做法了，但是还差一点！

你的训犬师说得没错，要想让某个行为不再发生，就得停止强化它。不过，这只是完成了补救措施的三分之一。

以下是我的调整思路：

🐾 第一，绝不再强化问题行为。

🐾 第二，强化有效因素二——互斥行为。

互斥行为听起来有些高深，其实指的就是狗狗做出互斥行为时，无法同时做出问题行为。针对鲁比扑人的行为，保持坐姿就是个很合适的互斥行为，因为它没办法在坐下的同时跳起来。

做到这一点的诀窍是在鲁比坐下的时候狠狠奖励它，特别是当它坐在走廊和玄关的时候。我们得让它明白，"坐下的狗狗会得到奖励"。

鲁比在门口容易兴奋，并且你们还（无意中）强化过它扑人的动作，所以从这个位置开始练习难度会很大。我建议你接下来几天先在花园、客厅和外出散步时训练它坐下，并通过"3D"法则（分散注意力、延长坐姿保持时间、延长下口令的距离）来巩固训练成果，让它能在这些情况下依然乖巧地听口令坐下。完成之后，再逐渐训练鲁比表现出你想要的状态，也就是说，有人从前门进来时，鲁比能听口令坐下。你可以安排几个人扮演客人，一开始可以扮演冷淡的客人，然后逐渐换上热情的客人。如果在那样的情况下，鲁比依旧能坐下，请务必好好地奖励它哦！不仅要奉上零食大餐，还要抱抱它、关注它，它会很高兴的！你很清楚它想要什么，而训练的目的只是要让它知道，怎样才能在所有人都满意的情况下获取它想要的东西。如果你家装了门铃或者门环，那就把它们的声音也加到训练里，这样等真有人上门做客时，你就能实实在在地验收训练成果了。

🐾 第三，学会控制和管理。

前文中提到的有效因素四——控制和管理，是我们训练狗狗时的重要工具。虽说这并非最酷炫的办法，但能为第一点提供有力的保证，免得我们不得不从头开始训练。

请你继续在多个地点和场景中进行坐姿训练，目标是让鲁比能听口令坐在前门边上迎接访客。训练时，要确保它不会有机会扑人，否则你会继续强化错误的行为，直到它在面对让自己兴奋的客人时，依然能保持坐姿。如果在训练好鲁比之前，门铃突然响起，而你又没做好训练准备，那就在开门之前把它带到花园或其他房间。这样一来，你就不会强化鲁比扑人的错误行为了，也能避免它产生挫败感，训练就可以继续保持在正轨上了。

警告：有的训犬师会用厌恶手段惩罚①狗狗扑人。他们可能会说："你这么做只是在回避问题。"其实如果狗狗真的做出了扑人的行为，你只需摸摸它的毛发，传达你的爱意就好。狗狗喜

---

① 译者注：用厌恶手段惩罚指的是训犬师的惩罚手段会给狗狗带来疼痛等生理上的不适，从而让它们产生厌恶情绪，并把问题行为和厌恶情绪联系在一起，继而减少问题行为的出现频率。

🐾

欢这样。

在你调整鲁比行为的过程中，还会出现一种"消退爆发"的情况。当某个行为（此处为扑人）得到强化后（此处为拥抱），未来这种行为会更有可能再度发生。所以你的训犬师说得对，要想让扑人的行为不再出现，的确得停止强化它。但如果你曾长期强化这个行为，那即便强化突然停止了，行为也不会立刻停止，反而会在一段时间内变得更严重，就像是为了再度争取强化而在最后放手一搏。给你举个例子吧。我从很久之前开始给狗狗杂志写稿。虽说现在仍在写，但我其实更想和狗狗待在一起，而不是闷在房间里写作，像狼人查理·布朗①那样眼巴巴地盯着窗外。我朋友安迪有几间办公室，便和我说："你真是孩子气！这样吧，我正好有空余的办公室，你来我这儿写稿怎么样？这里没有狗狗分散你的注意力。等你写完稿子，就可以尽情地去做你想做的事情了！"

于是我就照做了。安迪的办公室在一片综合管理区，那儿有个公共接待区。我和他会在停车场见面，然后一起去办公室。安迪每天会雷打不动地去自动售货机投入50便士（约等于4.5元人民币）（真是好久之前的事了），按A-4键，等机器吐出一根火星巧克力棒，接着我们才会去办公室……

第二天，投入50便士，按A-4键，机器吐出巧克

---

① 译者注：狼人查理·布朗（Charlie Brown），美国漫画人物，1952年1月首次在杂志中登场。

力棒。

第三天，投入50便士，按A-4键，机器吐出巧克力棒。

日复一日，同上。

后来有一天，我们像往常一样见面。安迪向自动售货机中投入50便士，按A-4键……结果机器什么也没吐出来！

安迪的世界崩塌了！他又按了按A-4键，机器毫无反应……于是他带着怒火更用力地按下去：A！4！A！4！但不管按得多用劲，机器依旧纹丝不动，巧克力棒的影子都没见着，这可把他气得够呛！

安迪表现出的一系列行为就是"消退爆发"。我们知道，当一种行为发生并得到强化时，它在未来更有可能再次发生。你越去做这种行为，不断地强化它，它就越会变得根深蒂固。因此，如果有一天强化突然消失了，你仍会再次尝试去做这种行为（而且往往会更努力、更迅速、更大声、更激烈地尝试），因为你认为："每次都会得到强化啊，这次是哪里出问题了吗！"

如果该行为仍然没有得到强化，它就会消失，你便再也不会做出这种行为了。当付出不再有回报了，你自然不会再尝试。

行为和进化正是遵循了这个道理，火星巧克力棒事件也是如此。

这就是为什么鲁比得不到拥抱和关注后，反而跳得更猛了。所幸的是，你不必为"消退爆发"而沮丧，因为"控制和管理"与"互斥行为"两大秘籍可以解决这个棘手的问题。

我们再来看看安迪的例子。假设自动售货机真的想让安迪加大行为强度来换取一根巧克力棒，而在此之前已经有了强化历史（50便士+A-4＝巧克力棒），这就类似于你给鲁比建立的强化历史（扑人＝拥抱）。过了一段时间后，机器不再因为安迪按了A-4键就吐出巧克力棒，而是一直在等待，直到他加大行为强度：他先是不断地按A-4键，然后改成A-A-4-4······砰！当他按下A-A-4-4时，巧克力棒掉了下来。好了，现在机器已经设定了一个新标准，而安迪也学会了要增加行为强度才能获得想要的东西。同样的道理，鲁比扑人也反映了这个过程。

- 扑人＝拥抱；

- （训犬师建议）扑人＝零回应；

- （消退爆发）激烈到令人难以忍受的扑人＝拥抱。

别担心，你并没有培养出一个怪物。控制和管理大法会再次拯救你！

你正好可以借助这次机会试试本书中的三种有效因素，用"三位一体"大法来解决这个难题！

- 不要强化问题行为"扑人"；

- 强化互斥行为"坐下"；

- 确保在训练开始之前，你已经熟练掌握控制和管理的方法。

从某种程度上说，你的问题算是甜蜜的烦恼：你和一只喜欢人的狗狗生活在一起······要知道，我有多少客户可是千方百计地想有这样的烦恼！

让你的训练回到正轨吧，这样鲁比很快就能有礼貌地传达爱意了！

第三节　抢夺食物

你好，史蒂夫：

　　我有只可爱的马里努阿犬，名字叫杰西，现在7个月大。它特别喜欢学习，只要发现要做训练了，就会兴奋地"跳起舞"。问题是，它现在的状态有点狂热，所以我确信大部分的课程内容它都没有消化。我目前遇到的主要问题是它会在我们给零食的时候咬到我们的手，特别是在上训练课的时候，因为只要其他狗狗围着我们转，杰西就会变得非常兴奋，就像无法控制自己一样。我曾试着下口令让它"等一等"，让它"轻轻地"，但等我允许它吃东西时，它会抢得更猛。我也试过在它看起来要抢食的时候收回食物，但是没有用。我觉得它并不是因为受到了刺激或者太焦虑而这么兴奋，而是因为它的确很想吃东西。它实在是太兴奋、太疯狂了，一不小心就会咬到我的手……很疼啊！

珍妮

马里努阿犬

你好，珍妮：

我有幸训练过几百只马里努阿犬，还和两只在一起生活过：阿斯伯是我养的第一只马里努阿犬，而卡洛斯是我最近养的，我在《狗狗训练从零开始：训狗技巧一点通》这本书里写过它们。它们都是特别棒的狗狗，而且都和杰西一样，像只鳄鱼似的接食物。相信我，我感受过你的痛苦！

幸运的是，过去我已经把该犯的错误都犯过了，为咱们"马里努阿犬受害者联盟"做了些牺牲，所以你就不必重蹈覆辙了。听听我这个老傻瓜的建议吧，按照下面列出的行为准则去操作，拯救你的心灵和手指……

兴奋：兴奋不一定是件好事，也不一定是件坏事，但肯定会诱发紧急行为。

提升兴奋水平会使行为变得更迅速、更大声、更用力、更激烈，具体情况视行为而定。看看骑师骑着马赢下赌注比赛时的照片吧，他会拍着马表示庆祝，而且由于情绪激动，拍打的力度会很大。如果在比赛前用这个力度拍马，估计马早就溜走了。再来看看别的例子：小女孩排着队想和圣诞老人打招呼，当她离圣诞老人越来越近时，会莫名其妙地把手里的泰迪熊越握越紧。同样的道理，在过山车启动之前，人们常常会死死握住把手，力气大到连指关节都发白了。

因此，我们首先要做的，是确保不让杰西在过于刺激的环境中学习，这样它才能好好上课，吸收学习内容。狗狗一直在学习新事物，而我们要确保它学的正是我们想教的内容。

如果你继续让杰西待在别的狗狗旁边上课，让它一次又一次地兴奋起来，那它学到的内容很可能是：只要靠近别的狗狗，我就会过度兴奋。

假如我们把时间快进到明天，那时杰西在公园看到了一只狗狗。按照我们之前的"教法"，杰西会怎么应对呢？

如果你想继续参加当地的训犬课程，我希望你先联系训犬师，讨论一下如何调整上课环境，让杰西不再变得过于兴奋。我经常对狗主人说："想要改变什么，就得做出什么改变。"这个道理人人都知道，也是训犬的精髓。

想要改变行为，我们往往要先改变环境。我不希望你总是带杰西回到相同的环境中，指望它的行为问题能有所改善，却不采取其他行动。

针对你和杰西的情况，我建议从以下几个方面来改变上课的环境：

🦴 距离

保持距离一直是处理过度兴奋的好办法。我建议你和杰西先在离班级中心远一点的地方训练。几周后，只要杰西的状态能保持在兴奋阈值之下，就可以逐渐缩小和班级中心的距离。这个过程就叫脱敏。只要你不急于求成，这个方法会非常有效。

✎ 上课/下课

你能提前带杰西去训练场地吗？我们真的不希望杰西和其他
兴奋的狗狗一起冲进教室，就像金属乐队①演唱会场馆的大门打
开后，所有人一拥而上地冲到舞台前的那幅画面。理想情况下，
请你提前10分钟带杰西到训练场地，让它四处嗅一嗅，适应周围
的环境，然后在你旁边安定下来。你可以坐在地上，给它做做按
摩，把环境和放松的感觉联系起来，而不要让它过度兴奋。此
外，你们可以提前或者晚一点离开场地，只要杰西能在离开时保
持最平和的状态就好。

✎ 障碍物

你能在训练场地安排几个障碍物，减少做课堂活动的视觉刺激
吗？马里努阿犬很容易因为运动而兴奋起来。与此同时，如果有人
阻止它们"控制"周围人或物的运动，它们可能会非常沮丧。

✎ 班级氛围

我们不会尝试在过山车上教小孩数学，所以请你观察一下，
班级氛围和训犬师提供的练习是否有利于杰西的状态保持在兴奋
阈值之下。与流行的观点不同，我认为团体课程不应该提供让狗

---

① 译者注：金属乐队（Metallica），美国殿堂级重金属乐队。

狗肾上腺素飙升的活动，而是要提供平和的氛围，让主人和狗狗保持可控的联系。

接下来，我们来聊聊杰西从你手中抢夺食物的问题。你在来信中提到，它想要食物的时候"并不是因为受到了刺激或者太焦虑而这么兴奋，而是因为它的确很想吃东西"，但过度兴奋并不能简单等同于抢夺食物。狗狗不一定会因为过度兴奋或者过度焦虑而吃东西，但这些情绪肯定会让它在抓取食物时更加急迫。以下是一些调整思路，供你参考。

不要做的事

🦴 等待

让狗狗等着吃零食或者正餐，这种感觉就像你在红灯前堵了太久。你准备好出发了，等等……再等等……拜托！红灯到底什么时候才会变绿啊？接着……叮！绿灯终于亮了。红灯迫使你压抑住继续行驶的念头，而继续行驶才是你真正想做的事。所以在经历了漫长又痛苦的等待后，你总是会加速驶离路口。这就是为什么杰西有时会在等了很长时间之后冲上去抢夺食物。

🦴 自我损耗

训练时的另一个难题是试图通过克制狗狗的冲动来限制狗狗抢

夺食物的行为。狗狗并没有多少办法来克制自己的冲动、挑战自己的意志力，而且这些办法最终会被用完。这个过程中就会出现自我损耗。

你可能会问："究竟什么是自我损耗呢？"不知道你是否有过这样的经历：你待在家里，肚子很饿。你明知道柜子里有一整袋美味的饼干，却不能吃，因为你在减肥，你相信自己能挺过去。

晚上7点，你告诉自己：我不能吃饼干。8点说了一次，接着9点又说了一次。

9点15分，你告诉自己：一块饼干也不能吃。9点17分，你再次重申：连半块也不能吃！并试图用一小杯寡淡的清茶来分散自己的注意力。

你用尽方法来克制吃饼干的冲动，一直坚持到了晚上10点，你为自律的自己感到非常自豪……但是10点01分的时候，你把整包饼干都吃光了，而且正拼命地在汽车后备厢里寻找第二包！

你对自己的要求太高了，把意志力都耗尽了。如果你在晚上7点第一次想吃饼干的时候就吃一块，完全有机会避免接下来疯狂摄入饼干的行为。

为此，我希望你能全面地看待杰西的所有训练，务必循序渐进地增加每项练习的持续时间。

例如，外出散步时，你可以在它坐在路边的时候训练它保持坐姿，每次增加1秒钟。强化的途径可以是口头表扬"好样的"并继续散步。

你也可以在打开后备厢的时候，先让杰西坐着等一会儿，然后说"好样的"，放它出来，和你去公园玩耍。每次训练可以让它多等1秒钟。你还可以在杰西想出门的时候握着门把手。只要它看向你，就说"好样的"，然后开门放它出去探索一番。同样，每次等待的时长可以加1秒钟。正是这些小小的延迟满足能帮它保持冷静，而不是每次都急吼吼地用百米冲刺的速度奔向目标。要知道，好东西只属于那些耐心等待的人哦！

🦴 拿走食物

在努力解决抢夺食物问题的过程中，还有一种做法有时会产生不良后果：如果杰西要抢夺食物，你就把食物拿走。在我看来，这种做法很容易让狗狗变得更加沮丧和绝望。可能的话，我们真不想把这两种负面情绪掺和进来！

你玩过"饥饿河马"的游戏吗？游戏时，玩家要操作河马来抓取弹珠。观察那些玩游戏的人，你会发现，如果他们的失误越多，下次就会更努力、更快速地操作河马。玩打地鼠游戏也是这样，你越是打不中，下次击打时就会越用力。

收走狗狗认为自己会拿到的食物，不仅会增加它的挫败感，还会令它感到失望，产生疑心，甚至引发冲突，这些都是我不想见到的后果！

到目前为止，我已经和你说了什么事不能做，但你还是不知道该怎么办，是不是？所以接下来，我会告诉你哪些办法能改善抢夺食物的问题。

轻轻地接受食物是一个概念，而不是听口令才会做出的行为，所以没有必要在口令中加上"轻轻地"或"接好"这样的词。你要做的是降低杰西的兴奋水平，换一种方式给它食物，并把握好时机。这些就足以让训练走上正轨，并一直朝正确的方向推进。

🦴 肢体语言

如果你发现杰西在训练中变得过于兴奋，就别让它继续训练了，别想着在这种状态下训练还能有什么效果。你只需停止训练，并尽可能帮助杰西平静、放松下来。你可以改变训练环境、离开训练场地、放慢训练速度、按摩它的身体、揉它的耳朵……只要能让它平静，做什么都可以。请记住：想要改变什么，就得做出什么改变。

如果你注意到杰西的动作节奏变得更快、更不连贯，耳朵和尾巴立得更高，嘴巴从张开放松的状态变得紧闭，甚至瞳孔也放大了……这就说明它太兴奋了。建议你观察一下杰西放松时的肢体语言，这样等它变得过度兴奋时你就能及时发现并应对。

🦴 喂食

我希望你在给杰西做喂食训练时，远离让它兴奋的课堂环境，也不要做坐下、趴下等其他练习。

刚开始做喂食训练时，你可以喂普通的食物，比如胡萝卜块或苹果块。这种食物对杰西来说没什么意思，也没有吸引力。等杰西慢慢能轻柔地接食物了，你可以逐渐换成吸引力更大的食物，但是在训练效果稳定之前，不要升级食物。

初期的训练最好在家中进行。你可以选一个你俩都很放松的夜晚训练，最好是杰西软绵绵地卧在地上、昏昏欲睡的时候。我建议你使用不容易碎的大颗粒食物，既能方便杰西一口咬住，又能避免它突然迸发"淘金"般的热情，兴致勃勃地搜索散落一地的食物碎屑！

🐾 杰西卧在地上的时候，你可以坐到它旁边，把零食放在中指和无名指根部，然后手握成拳头。接着，把拳头移到杰西嘴边，这时零食会从指缝里露出来一点。杰西用牙咬是吃不到食物的，只有轻轻地用舌头舔才行，而这正是我们想练习并强化的行为。

注意：练习时，请务必把食物送到杰西嘴边，因为这个动作可以打破它冲上去抢夺食物的习惯。很多人会把食物举在半空，让狗狗跳起来去抢夺，但这正是我们想要避免的做法。

🐾 等上一阶段的训练效果稳定后，你可以改成摊开手掌喂食物。掌心朝上，并用大拇指遮住中指和无名指根部的零食。当你感觉到杰西在用舌头舔食时，可以抬起大拇指，把食物给它。

🐾 等上一阶段的训练效果稳定后，你可以像喂马一样，直接把食物放在手心。同样，不要让杰西用牙咬，这样做是吃不到食物的。只有当它轻轻地用舌头舔食时，我们才会奖励它。

如果杰西在训练时用牙咬食物，下次训练时可以把进度往回退一两步，并确保杰西的状态放松又"慵散"。此外，请你换上吸引力不大的食物，并且一定要把食物送到杰西的嘴边，让它不必去抢夺食物。

接下来，请你重复上述三个阶段的练习，但是要让杰西趴下来接食物。

等杰西能顺利地趴着接食物时，你就改为在它坐下的时候喂食，并重复之前的训练步骤。再往后，你可以边走边喂食，一开始可以松开牵引绳，和它一起慢慢走，然后改成牵着走，这样既能练习牵绳散步，又能训练喂食，一举两得。

食物还是玩具？

狗狗在抢夺食物时会咬到手指，所以有时主人就会想改用玩具来练习。玩具，特别是玩耍，都是非常有效的强化物，但是如果狗狗已经处在过度兴奋的状态，玩具就不是最佳选择了，因为这会促使狗狗去追玩具、抓玩具、咬玩具，让它变得更兴奋。

明智的做法是降低兴奋水平，并正确地使用食物，而不是开展更多提高肾上腺素的训练活动，然后你还疑惑为什么刚给出"坐下"的口令，狗狗的眼珠子就开始兴奋地转动。

别误会我的意思！我很喜欢让狗狗玩耍，不仅是为了强化某个行为，而且是想让它们获得纯粹的快乐。可是，让已经兴奋到抢夺食物的狗狗玩耍，可能会让人误以为这一解决办法有立竿见影的效果。但我想稳扎稳打，采取能彻底解决问题的方法，而不仅仅是抱着"熬过这一天"的心态，走一步算一步。

你可别觉得我这个人很扫兴哦！特此声明一下，我在训练时会使用大量的玩具，但是只会在合适的时候使用。教狗狗新行为的时候，我一定会使用食物，而不是玩具，原因如下：

- 与玩具相比，我可以在较短的时间内用食物做更多的练习。练习成功的次数越多，狗狗对课程内容的吸收就越快。
- 只要我给了食物，狗狗就会为了再获得食物而立即做好准备，再次表现出我想要的行为。效果很棒，万岁！
- 如果我给了玩具，我就得先把玩具从它那儿拿过来，再去要求它做事。好麻烦！
- 狗狗的精神耐力比身体耐力更强，因此，用食物训练能促使它完成更多高质量的练习；而玩具、游戏则会快速消耗它的体能，分散它的注意力，影响训练效果。

你也许会问：那什么时候可以用玩具来强化呢？

在狗狗多次（多次指的是几百次）练习过某个行为，并且通过食物强化达到我期望的效果后，如果我想加快行为完成的速度，增加紧迫感，提升强度，接下来才会引入玩具来推进训练。

召回和紧急趴下这样的动作是有速度要求的，所以我一定会在训练的某个阶段引入玩具和游戏。而安定、剪趾甲这样的练习则需要狗狗保持放松平静的状态，所以我会一直用食物做强化。

这里有个小窍门：如果你想在练习中增加速度，但仍想使用食物，那你可以试试把食物贴着地面扔出去，让狗狗跑去捡。这样肯定能把它们捕食者的天性激发出来！

多年前，我曾去给一只杰克罗素㹴做家访。它的家人给它起了个昵称，叫"烤箱手套"，因为只要有人想给它喂食，就得戴上厚厚的烤箱手套，防止被咬！

杰西的情况肯定没有这么糟。请记住，训练的重点是优先考虑大局。你要先确保训练环境能让杰西放松，然后通过观察它的肢体语言来判断它的兴奋程度，最后参照上文中的喂食方法来逐渐改善抢夺食物的问题。

杰西听起来和我之前相处过的狗狗很像，都有着把握当下的生活热情，正是这份热情让我们的相处充满乐趣。如果杰西能学会放缓节奏、放松心情，就更能享受生活，感受玫瑰的芬芳了。

第四节　反应过度

你好，史蒂夫：

　　我和小杰克罗素狸波莉住在一起。我想改善它和狗狗接触时反应过度的问题，为此询问了别人的建议，但是大家对训练方法各执一词。波莉不知道怎么应对体形较大的狗狗。如果大狗靠得太近，即使它们很友好，波莉也会大声吠叫，并猛地扑上去，直到它们走开才停下。有时大狗（或者大狗主人）没能明白它的意思，我就只得抱起它离开。争论的焦点就在这里：有些人说我不应该抱它，因为这会让它更有攻击性。我的训犬师说，如果波莉是德国牧羊犬，我就不会抱它了，因此我应该"像对待正常的狗狗一样"强硬地对待它。我知道，波莉的攻击性可能是我一手造成的，但我只是不想让它变得更糟。我非常希望得到你的建议。

　　祝好！

玛格丽特

杰克罗素梗

你好，玛格丽特：

建议你换位训犬师吧！什么叫"像对待正常的狗狗一样"！我可以保证，波莉是一只正常的狗狗。

波莉体形小巧，所以从它的视角来看，害怕巨型犬再正常不过了。如果一个约6米高的巨人咧着嘴蹦蹦跳跳地靠近你的训犬师，而巨人的主人在100米开外的地方大喊："没关系的，他很友好！"那时我倒要看看你的训犬师还能不能表现得"像个正常人"！

我在职业生涯早期常常和护卫犬打交道，所以很习惯听到"要强硬地对待狗狗"这种废话。其实，我们对任何狗狗都不必采取强硬的态度。它们真正需要的是：

🐾 清晰的口令和强化：帮助狗狗做出更多明智的决定。

🐾 控制和管理：避免狗狗做出糟糕的决定。

🐾 保护：带狗狗远离可怕的事物。

这些要求不算过分吧？

另外，你也别觉得波莉的行为是你一手造成的，别去责备自己。我不认同"没有坏狗狗，只有坏主人"这种谬论。有关心狗狗的主人，也有不关心狗狗的主人，但往往是那些关心狗狗的主人才会觉得自己做得不够好，而你显然就是这样的人，否则也不会给我写信了。好了，从现在开始，请你放轻松，把问题交给我吧。

我和许多狗狗一起生活过，其中大多数是大型犬，比如德国牧羊犬和马里努阿犬。但这几年,老天爷决定赐给我几只领养不出去的小型犬,其中就有我最爱的小狗南希。它是吉娃娃、猠犬和比格犬的"串串",体重轻得惊人。每当有人问我它的品种,我就会编一个名字,这算是我的恶趣味哈!到目前为止,我叫过它"芝加哥骗子犬""咬犬""多事猎狐犬",还有我最喜欢的"淘气哈利犬"!自打和南希生活在一起,我就对小型犬多了一分理解。为了照顾好南希,我要从它的角度看待这个世界。毕竟,它生活在"巨人"的国度。

波莉的状态和南希几年前刚到我家的样子很像,所以我会给你分享几个训练要点,让波莉在巨人国度的生活不那么可怕。救助人员在早上6点发现了南希,主人把它遗弃在了高速公路服务站附近。南希没被撞死,真是万幸!尽管当地的工作人员努力追踪它的主人,但没有人出面负责,所以它就来我这里生活了。

我完全不了解南希的过去,不过它看起来挺镇定的。但是当它遇见一只体形更大的狗狗时,它就开始发狂了。不幸的是,对南希来说,所有的狗狗都比它体形大!

南希来我家之前一直生活在流浪狗收容所,那时它的周围全是狗,所以我想确保它到我家之后,能先给它放一个"皮质醇①假期"。头两周我们只做了低强度的散步练习,让它探索一下周围的环境,并且只在没有其他狗狗出没的时间段散步。后来,除了通过大量的玩耍和爱抚来建立我们之间的信任,我还给南希做

---

① 译者注:皮质醇指的是由肾上腺产生的激素,它通常是在压力情况下从大脑释放出来的激素。

了几个练习。如果你和波莉遇到了埋伏的大狗，想要摆脱困境，这些练习正好能派上用场。

名字反射训练

名字反射训练能起到"动力辅助"的效果。

当波莉遇到潜在的威胁时，你要把它的注意力重新吸引到你身上，而不是用牵引绳拉住它，因为拉力会让它觉得自己无法"逃跑"，只能去"战斗"。

举个例子吧。你有没有在酒吧见过想打架却被朋友拉住的人？被拉住的人往往会叫嚣着："来啊，你过来啊！"但有趣的是，如果朋友松开手，这家伙往往就不那么嚣张了，只会用手指捋捋头发，整整衣领。我举这个例子，并不是让你在波莉遇到克星的时候撒手不管，而是想建议你利用名字反射训练，让它在牵引绳还松弛着、没有束缚的时候就转向你，而非在对着另一只狗狗时拉住波莉的头部和胸部，让它无法选择"逃跑"。

眼神交流

如果我们在波莉之前看到了别的狗狗，名字反射这个办法就会很管用。但是如果波莉先看到了别的狗狗，该怎么办呢？所以，我希望你在尽可能多的地方训练眼神交流，直到波莉能不假思索地做出这个行为。我们想让它相信，只要抬头看向你，你就会提供它想要的东西。有时它想要的可能是件物品，而有时它可能想摆脱潜在的威胁。

我们会把之前的训练结合起来使用，但正如迈克·泰森①所说："在遭受迎面痛击之前，每个人都有一套自己的计划！"所以，在狗狗遭受所谓的"痛击"之前，我们一定要有备用计划，也就是让它"走吧"。比如你正和波莉在街上散步，一只狗狗和它的主人不知从哪里冒了出来，直奔你们而来。这时你来不及等波莉去正确地应对这个情况了，因为你等得越久，那只狗狗就会靠得越近。

如果你不确定该做什么，那么为了止损，你可以直接说"走吧"。你只需拍拍腿，大声说"走吧"，然后想方设法转过身，朝着相反的方向离去，带着波莉一起逃跑。

练习时，你可以牵着波莉站在花园里，你俩面朝同一个方向，紧接着突然说"走吧"，然后拍拍大腿，转身向后走几步。如果波莉跟着你走，就好好地奖励它。每次训练可以练习20次，

---

① 译者注：迈克·泰森（Mike Tyson），美国拳击运动员，世界重量级拳王。

并尽可能在多个地点练习，确保动作能顺利地完成。

注意：做其他练习时，我都不想把牵引绳拉紧，但这个练习是例外，毕竟我们得为实际情况做好准备。如果有只狗狗在你没有注意到的情况下走过来，你既没有时间去和波莉做眼神交流，也来不及把它喊过来，那么等你们逃跑的时候，牵引绳会绷得很紧。不过在此之前，你已经带着波莉多次演练了"走吧"这个练习，它知道这个口令和拍大腿的声音预示着好事发生，所以即使绳子真的拉紧了，它也不会担心有坏事发生。这时，拉紧的绳子代表着积极的预期，而不是战斗和恐惧。我们会把它的忍耐力导火线拉得长长的，不会一点即燃。经过几次练习，波莉很快就会明白，"走吧"这句话的意思是"快转身呀，主人后面有好东西！"

上述练习均属于短期的应急练习。只要你和波莉外出时关注周围的环境，这些练习就能保证你们的安全。

你的长期训练目标则是帮助波莉对其他狗狗脱敏。脱敏意味着让波莉接触其他狗狗，而这些狗狗会和它保持安全距离，不会构成威胁，这样波莉就能自在地待在它们周围了。随着时间的推移，通过仔细观察波莉的肢体语言，等到它处在放松状态时，你就可以逐渐缩短安全距离了。

此外，长期训练还要加上反射作用的元素。也就是说，当波莉看到另一只狗狗时，就会有好事发生。例如，你可以和波莉站在一起。如果它在安全距离内看到了一只狗狗，你就给它吃点东西。等这只狗狗消失时，就停止喂食物。

经过多次重复训练，你会给波莉建立起积极的联想。当它再看到别的狗狗时，不仅会握住拳头说"好耶"，还会期待地抬头看你（眼神交流），想要得到食物。双赢的结果！

最后这一点也很重要。我带南希回家的那天和它做了个约定，我和我的每只狗狗都会做这个约定。这是句简单的承诺：

"南希，不管发生什么，我都会保护你的安全。"

这句承诺意味着当有只狗狗向南希冲过来，而我又没有更好的办法应对时，我一定会把南希抱起来，确保它安全。抛开别的不说，我只是想让它相信，如果有什么事情发生，我会是它坚实的后盾。只要知道这一点，南希就能放松下来，不会那么容易激动了。责任由我来扛，而不是让它担着。如果南希觉得我不是它的后盾，必须靠自己的力量来抵御所有可怕的狗狗，那它就会变得很紧张，一有危险的苗头就会反应过度。这种状态很不健康，会给它带来压力。

所以，请你用行动让波莉知道，无论发生什么事，你都会照顾好它。此外，你还要教它如何应对威胁，平安地生活。如果有人认为你不应该抱起狗狗，你就把我的电话号码给他！

第五节 冲人吠叫

你好，史蒂夫：

    我和我的狗狗拉尔夫住在一起，它现在5个月大。它大多数时候是个无忧无虑的小家伙，但是它貌似很讨厌我的邻居保罗！保罗第一次来我家做客的时候摸了摸躺在窝里的拉尔夫。虽然它只是愣在那儿，看起来不大高兴，但似乎还能忍受抚摸。

    可是，等保罗再次来访时，拉尔夫就开始冲他吠叫了。不过保罗还是继续抚摸它，还说它很快会适应的。

    现在，只要保罗过来，拉尔夫就会冲他吠叫，即使他在房间的另一边！我觉得拉尔夫最终会明白保罗是友好的，但是我想问问你，顺其自然是不是最好的解决办法呢？还是说要考虑用别的方法？保罗非常想和拉尔夫成为朋友，所以我相信无论你提出什么建议，他都会很乐意照做的。

    谢谢！

                                    萨利

你好，萨利：

没人知道为什么拉尔夫第一次见到保罗时觉得不自在。也许是因为它年纪太小，还没有见过足够多的男人；也许是因为保罗来的那天它牙疼，于是就把保罗的出现和牙疼的不适联系了起来；也许是因为拉尔夫在床底下藏了块骨头，它担心保罗会把它的宝贝拿走；也许拉尔夫很清楚，保罗其实更喜欢猫。

不管原因是什么，我们得让拉尔夫明白，当它有礼貌地说话时，我们会认真聆听，这一点很重要。

有礼貌地说话指的是拉尔夫展示出礼貌的肢体语言，也就是传递出"不，谢谢"或者"我希望你不要这么做"这样的信号。

保罗第一次抚摸拉尔夫的时候，它"愣在那儿"了，这个动作其实是在礼貌地拒绝。婉拒抚摸的信号还可能是把头转开、低头、压低身体、舔嘴唇和打哈欠。

让拉尔夫相信，只要它礼貌地提出请求，我们就会聆听，这一点至关重要。如果我们不去聆听，任由保罗采用一贯的互动方法，就像在对拉尔夫说："不，我不听。你说的话没用，你得说得大声一点才行。"

但在拉尔夫的字典里，"大声一点"就意味着某些行为，比如冲保罗龇牙，让他走开。如果龇牙不管用，它就可能改成更"大声"的吼叫。如果吼叫也不管用，它就只能开咬了。而主人往往会在这个阶段联系我，告诉我自家的狗狗"毫无征兆地咬人了"！

我们不要鼓励拉尔夫"大声说话"。

我们并不想删去拉尔夫字典里的词语，而是要扩充它的字典，让它知道，就算不大喊大叫，也能得到理解。除了倾听和回应拉尔夫的需求之外，我们还要制订一个计划，这样它在见到保罗和其他男人时就不会感到有压力或者害怕了。

首先，对拉尔夫来说，在你的房子里与保罗见面可能会有些紧张，因为过去不愉快的经历已经让它有了心理阴影。因此，我们可以换到一个中立的地点，重新创造积极的会面经历。你可以去当地的公园，那里的空间很大，拉尔夫不会觉得拘束，也不会处在高压状态。

以下的建议可以让拉尔夫和保罗下一次的（和未来的）会面顺利进行：

- 🐾 按照拉尔夫的节奏来相处。

- 🐾 密切关注拉尔夫的肢体语言，确保它感到自在，享受互动。

- 🐾 首先，在你和拉尔夫互动、给它奖励的时候，让保罗坐在你旁边。

- 🐾 接着，可以让拉尔夫接近保罗，获取食物，但是不能让保罗主动接近拉尔夫。

- 🐾 在介绍对方的过程中，牵引绳要处于松弛状态。

- 🐾 只要拉尔夫想离开保罗，你就可以带它离开。

- 🐾 少即是多。让拉尔夫和保罗保持积极、友好且短暂的互动，这样拉尔夫下次见到保罗时会感到高兴。

- 🐾 不要贪多！

在这个过程中，循序渐进很重要，一次只走一步。不要指望保罗和拉尔夫能要好到一起在地上打滚，就像亲密无间的朋友那样。只要他们能一起做做简单、轻松的小互动，就很好了，比如拉尔夫愉快地接过保罗给的零食，身体依旧保持着放松的状态。

训练时，每次稳健地向前推进一步就好，不要贪多；贪多反而会给拉尔夫带来负面的影响，可能导致训练又得从头开始。做任何训练都是这个道理。

祝你们好运！

第六节 烟花

你好，史蒂夫：

    我家养了只大麦町犬（也叫斑点狗），叫小磨叽（名字是我女儿起的，不是我！），它最近变得很怕烟花。前几年，烟花只会让它有点焦虑，但从去年11月5日开始，它进入了一个真正害怕的状态。不过好在我们住得比较偏，只有在离家1英里（约1 609米）远的地方有烟花表演，所以烟花季节对我们来说并不长。小磨叽已经3岁了，在今年烟花表演的前一天做了绝育手术。我们当时还开玩笑，希望麻醉剂能持续足够长的时间，让它在"砰砰"声中继续沉睡。但实际情况恰恰相反，它比上次要激动得多。我们试图抓住它，让它平静下来，但它还是踱步了很久。小磨叽的服从性一向很好，但是那天它却对"过来"和"躺下"的口令充耳不闻。最后，它开始刨沙发旁边的地毯，好像要把自己埋起来。我们试图用它最喜欢的食物来分散它的注意力，

大麦町犬

但它似乎很反感！真是让人很讶异！我们不想把它宠坏，也不想强化它的恐惧，但我们真不知道该怎么办了。请你帮帮忙！

罗伯特

你好，罗伯特：

　　告诉你一个好消息：和其他问题一样，有很多办法可以改善小磨叽的问题！

　　对许多狗狗来说，烟花季节可能是一年中最可怕的时候，不过好在你们每年只需要经历一次表演，许多建筑密集区可是会连续几周随机放烟花的。我不想扫兴，但我真的很讨厌烟花，因为它可能给狗狗，给所有的宠物和牲畜带来创伤，而这肯定远远大于烟花的娱乐价值……好了，慷慨激昂的演说结束了，接下来让我们积极主动一点，看看怎么去帮助你和小磨叽（好名字！）。

　　首先，我们要从你的信中找一些线索，为明年的烟花轰炸做准备。你们希望小磨叽在绝育后仍然能在麻醉剂的作用下昏睡，这绝对是一厢情愿。事实上，它今年更焦躁的原因很可能是诱因叠加造成的。

　　诱因叠加是指一个压力事件发生在另一个压力事件之后，且两者间隔的时间过短，因此加重了狗狗承受的压力。这种累积效应会导致狗狗（或任何处于类似压力下的动物）的反应比单独面对单个压力源时更强烈。

　　想象一下这个场景：你下班回到家，女儿说她的手机丢了。虽然你可能不大高兴，但还是会就这件事给出合适的反应。现在再想想另一个场景：你今天在单位过得很不顺心，老板给你减薪了（压力源1）。紧接着回家的路上遇到了交通拥堵（压力源2），而且你的头还很痛（压力源3）。最重要的是，等你好不容易把车开到家时，有人把车停在了你的车道上（压力源4）。最终，你走进家门，女儿告诉你她的手机丢了（压力源5）。"啊啊啊啊！"我敢打赌，你此时的反应绝对比平日里强烈得多。

身为哺乳动物，我们面对压力源时有充分的理由去迅速启动交感神经中的"战斗或逃跑"程序。当我们感到有危险时，肾上腺素和皮质醇等激素会激增，但问题是，身体并不能很快摆脱激素的影响，可能需要36个小时才能让这些引发焦虑的激素消散。如果我们在太短的时间内经历了多重压力，就会对后续的每一个压力源产生更强烈的反应，而我们的情绪导火线也会越烧越短，直到……砰！

🐾 第一课：在为明年的烟花表演做准备时，确保小磨叽在烟花表演前的那几天过得平静，做大量的运动，不会受到创伤，让它的情绪导火线越长越好。

🐾 第二课：你在信中提到你曾试图阻止小磨叽踱步，但这里有一件事很重要——当狗狗压力过大，或在其他任何时候，我们要在安全范围内给狗狗尽可能多的自主权。也就是说，如果它需要踱步，它就可以踱步。要知道，踱步可以在一定程度上缓解紧张的情绪，要不是这个原因，我们就不会踱着步子在火车站等待爱人出现了。

🐾 第三课：生存胜过服从，这个道理永远不变。小磨叽对"坐下"或"躺下"口令充耳不闻，是因为它担心自己的生命安全受到威胁。虽然我们的计划是避免小磨叽进入这种状态，但要是它进入了这种状态，就随它去吧，让它去做能安抚自己的事情。

你在信中还提到，小磨叽试图在沙发边上刨地毯来逃避危险，这种做法并不罕见。狗狗受到惊吓时，会试着往低处逃跑（而猫通常会往高处逃跑）。所以，你要给小磨叽搭一个窝，为明年的烟花表演做准备。你可以在餐桌上铺上几条厚厚的毯子，这样桌子下方就有一个安全的小窝了。在11月5日前的几个星期里，你要让小磨叽知道这个窝超棒，它可以在这里享受食物、磨牙，甚至与你拥抱。你可以揉揉它的肚子，抱抱它，这对你们都有好处。请你务必在烟花表演开始之前就好好地把这个窝介绍给小磨叽，这样它就知道，如果想找个安全的地方躲起来，它应该去哪里。

好了，接下来，我们来为明年制订一个计划吧……

脱敏

上次的经历表明小磨叽对烟花很敏感，所以做脱敏训练时，我们会先让它接触到极低水平的影响，低到只会让它感觉到有点声音而已，并完全不会被噪声刺激到。具体的做法是在家中用超低的音量播放网络上的烟花表演视频。这里非常重要的一点是，不要过早地调高音量。我更希望你把音量调得非常低，以至于小磨叽都听不到，在接下来的几天、几周和几个月里逐步调高音量，而不是一开始就太贪心，以免把整个过程搞砸。请记住，狗狗的听力比我们要敏锐得多，所以要谨慎行事。拜托了！

如果明年的烟花之夜离我们还有一年的时间，应该从什么时候开始执行脱敏计划呢？与所有的训狗课程一样，最佳的开始时机就是现在。如果小磨叽听到视频声后没什么反应，完全没和烟花联系起来，那很好，这就是我们的目的。建议你在早上做训练，这样就能尽可能地避免它想起烟花之夜的遭遇了。在接下来的几周里，每次提高0.5分贝的音量，不要急于求成。当你为这件事打下坚实的基础，做好充分的准备后，便会收获更好的结果。正如林肯所说："如果你有8个小时来砍一棵树，那就先花6个小时来磨斧头。"

几周过后，视频的音量已经调到最大，这时你便可以把笔记本电脑或扬声器放在窗台上或者窗帘后面，并在那里重新开始调高音量，这样能更好地模拟真实的场景。之后，你可以改在晚上播放视频，依旧把设备放在窗帘后面，重复上述的过程。

在任何训练阶段，只要小磨叽看起来有一丝不安，不用担心，调回初始音量就好，重新帮助它适应。这就是提前几个月开始训练的好处。你的时间很充裕，可以根据狗狗的情况随时调整训练计划，而不是让狗狗去适应你的计划。

你很幸运，因为如今你可以通过网络做到连续7天24小时不间断地播放烟花表演的视频。要知道，我15岁的时候，可是得辛辛苦苦地跑去图书馆，租下音效唱片，再把音频录到磁带上，这样就不用续租了（我不是有钱人）。最后，我再用磁带来完成脱敏计划。不过，这些唱片真的很棒，包含了所有热门的音效，比如风钻声、行车声、人群欢呼声、烟花声、观众嘘声等。那个时候，学校的朋友都是去迪斯科舞厅和女孩搭讪，寻找约会目标，而我却忙着用磁带录下教堂的钟声，就为了给狗狗做训练！

对抗性条件作用

小磨叽现在很害怕烟花，而我们要让它喜欢上烟花。为此，我们可以把网络上的烟花声和小磨叽喜欢的东西联系起来。

听到嗖嗖的声音了吗？吃点奶酪吧！

嘣？没什么大不了的，来吃点火腿！

砰！好耶！到吃鸡肉的时间了！

播放视频时，请你大方地给小磨叽吃东西，并确保视频一停，就停止给它吃东西。这样一来，小磨叽就能察觉到这两件事之间的联系了。

好了，假设现在烟花表演近在眼前，而你也已经完成了脱敏和对抗性条件作用训练中一系列的艰苦工作。等放烟花那天，你可以把小磨叽的日常活动提前，让它能早早在白天完成锻炼，吃完晚餐。在这之后，请你拉上窗帘，把电视音量调大，就像在老人院一样，然后放松。你说你不想"宠坏"小磨叽，但是如果它需要安慰，那就好好安慰它吧！你绝对不会因为安慰它而强化它的恐惧，让它变得更糟。你们是一家人，如果它需要你，就待在它身边吧。想象一下，当你感到害怕时，你最好的伙伴却无动于衷，你会怎么想？好好地宠爱你的狗狗吧，请你务必这么做！如果它不得不在夜里去花园，你一定要和它一起去，再带上一袋食物。爆炸声响起时，就迅速将食物送到小磨叽口中，让它知道烟花预示着好事。但是，不要长时间待在黑暗中，赶紧让它上完厕所，回到室内，那里有可爱的窝、食物、玩具、磨牙棒和热闹的电视声等着它呢。

你提到它今年被烟花吓到时会拒绝吃东西，这是因为控制"战斗或逃跑"的激素抑制了食欲。它的身体在说："我不能在吃东西上浪费能量，我可能要把所有的能量用在战斗或逃跑上，零食就等以后再吃吧！"但是在明年的烟花季到来之前，你已经完成了脱敏的基础工作，这种恐惧不会再出现，所以小磨叽就能够享用食物了。即使它有一点不安，咀嚼也会让大脑释放出放松精神的内啡肽。此外，还有其他办法可以改善狗狗怕烟花的问题，比如使用插入式犬类舒缓费洛蒙扩散器，它可以复刻出狗妈妈向幼犬发出的安抚信息素。在极端情况下，请与你的宠物医生讨论可用的辅助药物。

好啦，方法就介绍完了。建议你们花几个月的时间"悉心打磨斧子"，这样就能轻松度过11月5日了。享受这个过程吧，训练时循序渐进，小磨叽会因此更加爱你的！

第七节 分离焦虑

亲爱的史蒂夫：

　　我的狗狗霍莉在我外出的时候会非常不安。训犬师说它得了分离焦虑症，之后会有所好转的。她建议我外出时开着收音机。但是说实话，我现在很讨厌在家里没人的时候外出。一想到霍莉会很紧张，我就觉得受不了。它从小就生活在我家，现在已经6岁了。去年秋天之前，它独自在家的状态都挺好的。我最近带它去兽医那儿做了检查，除此之外它的日常生活没有任何变化，饮食、运动等都和以前一样。

　　但是霍莉最近的状态越来越糟了，因为我注意到，在我准备出门的时候，它就会开始踱步。但如果只有我在家，它就会时时刻刻密切关注我。过去的几个月里，有好几次我不得不从后门溜出去，这样它就不会注意到我离开，但是每次我回来的时候看到它，它都处在非常紧张的状态。我的邻居说这期间听到霍莉断断续续地发出呜咽和吠叫声。此外，我不得不更换客厅门边的地毯，因为它在上面疯狂地抓挠，把地毯都抓坏了。

　　我真不想看到霍莉这样，我也不知道该怎么办。请你帮帮我！

　　祝好！

苏珊

你好，苏珊：

哎，你们的日子一定很不好过。我真的很同情有分离焦虑的狗狗（和它们的主人）。我们可以把这封信当作帮助你们回到正轨的第一步，然后在这个基础上制订一个漫长但有效的训练计划。

经过好几代人的努力，我们有选择地培育出了家养犬。它们有着讨人喜欢的外观、出色的工作技能和与人亲近的性格。但问题是，有些狗狗非常重视与家人在一起，任何分离都会给它们带来极大的压力，导致出现呜咽、吠叫、搞破坏、大小便失禁等一大堆由压力引发的行为。

人们给这些行为贴上了几个标签，比如"分离焦虑""分离窘迫""过度依恋"等。接下来，我们来看看怎样才能帮霍莉树立信心，甚至让它学会享受独处的时光。

吠叫的狗狗

失禁的狗狗

呜咽的狗狗

首先，有很多原因会引发分离焦虑，比如：

分离。当狗狗与一个特定的人分开时，就会变得紧张。虽然其他人依然在场，狗狗也可以接触到他们，但它就是不能放松下来，直到那个特定的人回来。

独处。这类狗狗在任何地方独处时都会很紧张。但是只要有友好的人陪伴，它的状态就会好很多。

条件性恐惧。狗狗曾经单独待在某个特定区域，并受到了惊吓，比如碰上打雷或者放烟花。因此，狗狗把这两件事联系在了一起，推断出只要单独留在那个区域，就会发生可怕的事情，继而产生恐慌和焦虑。焦虑是因为害怕自己会产生恐惧，担心可怕的事情可能会发生。

霍莉过去一直能适应独处，但现在当它怀疑自己要单独待在家里时，就会开始紧张，不过只要有人和它在一起就没事。而且，烟花季节正好是从11月初开始。这一切信息都指向了条件性恐惧。当然，以上推论不一定完全准确，但我敢打赌，条件性恐惧就是我们要解决的问题。

你提到霍莉会在你准备出门的时候踱步，并且当你俩单独在一起时，它会时时刻刻密切关注你，这些显然都是它担心被单独留在家里的迹象。而警惕性的提升则是因为你好几次偷偷地从后门溜了出去。我完全理解你这么做的出发点，但是这会给霍莉的世界带来更多的不可预测性。它已经变得高度警觉了，所以你现在溜出家门的办法只剩下从烟囱爬出去，或者把自己冲进下水道（开玩笑）！不过好在以后你不必再鬼鬼祟祟了。我们要给霍莉的世界增加更多的可预测性，而不是怀疑。

你的邻居提到霍莉独处时会呜咽和吠叫，这些症状在分离焦虑症的病例中并不少见。狗狗自幼年时期就会发出求救声，目的是生存，因为狗妈妈听到求救声后就能找到它们，把它们送回安全地带。有分离焦虑的狗狗往往会间歇性地发声，就和你信中描述的一样，这是因为它想通过声音来获得回应："喂？喂？有人在吗？（狗狗安静下来，拼命地等待回应）……喂？你好像不小心把我锁在屋里了……能听到我的声音吗？救命啊！"

此外，等你重新回到霍莉身边时，有没有发现过以下迹象？

- 🐾 磨牙：霍莉是否经常会在常用的出入口磨牙，比如在门口或窗边？
- 🐾 厌食症：当霍莉怀疑自己要独自待着，或者当你不在家的时候，它是否会拒绝进食？
- 🐾 失禁：你不在家的时候，它控制不住大小便吗？
- 🐾 口水：你回到家后，地板上是否有口水的痕迹？比如在门口或窗边。霍莉可能在这些地方一边吠叫、喘气，一边等你回家。

要知道，狗狗和人一样，既有性格外向的，也有性格内向的。有些人不高兴时会大喊大叫，有些人则会转向自己，变得异常安静和自我封闭。A狗狗独处时不像B狗狗那样大喊大叫，并不一定代表着A狗狗的痛苦就更少。建议你留心观察霍莉明显的肢体语言，比如姿势紧绷、眼睛睁大、喘气、踱步等，这些都是痛苦的迹象。

以上肢体语言都可能是分离焦虑症的迹象，但也可能是由其他合理的原因导致的。这就是为什么我接到案例时，一定会先用排除法把所有潜在的可能性排查一遍，再去实施行为矫正计划。比如：磨牙可能只是为了缓解长牙痛，或者打发无聊的独处时光；失禁可能证明了如厕训练并不像主人认为或希望的那样"到位"。

疼痛和身体其他不适是诱发狗狗行为反常的主要原因。你带霍莉去兽医那儿做了全面检查，并且它的身体状况良好，这非常好。确认这一点后，我们就可以开始行动了。

但是，分离焦虑症的训练计划里有很多规矩，而且相当复杂，所以请你做好思想准备。不过好在也有相对简单的小练习供你上手，可以让整个过程尽可能有效。

康复准备

可以的话，在霍莉准备好独处之前，最好不要把它单独留在家中，它应付不了。为达成这一点，你可以招募一支由家人、朋友和邻居组成的强大后援团队，在需要的时候"胁迫、哄骗、勒索、贿赂"他们待在霍莉身边。

除了完成下面的练习，你还要让霍莉在离开你时过得轻松愉快，从而培养它的信心和独立性。

在花园里分散喂食就是个有效的办法。你只需把霍莉每天的正餐或零食扔到花园里，让它去好好地溜达溜达，而你要待在厨房里，开着后门。在这个阶段，只要它想和你会合，或者只是想看看你是否还在身边，它都能轻而易举地做到，这一点很重要。此外，整个训练过程是为了帮霍莉建立信心和信任，而不是猜疑，所以绝不能通过分散喂食来诱导它远离你。分散喂食只是为了告诉霍莉，它可以离开你，并且在离开你的期间会过得很开心！

我们要让霍莉通过一种舒服的方式意识到，独自在家待着是没有问题的。训练将采取三管齐下的方式：距离、安定和冷静。每个部分会单独训练，但同步进行。等霍莉能流畅地完成所有训练时，我们再把它们组合起来，作为整体的解决方案。方案的内容很详细，而且都很重要，容不得一点马虎。霍莉应该得到最好的训练。

练习1：距离

在这个训练中，我们将像平时一样教霍莉趴下，但会慢慢增加距离和持续时间，最终做到即使你长时间离开霍莉，它也能保持放松、舒适和乐观的状态。刚开始练习时，请你在尽可能多的地点训练，确保霍莉真正掌握练习的内容。之后，可以发展到你让霍莉趴下，然后你走开，在它的视线内消失30秒。这个训练不仅能很好地为其他练习打下基础，而且能让霍莉对离开你产生积极的联想。此外，在训练过程中，请始终佩戴你的"安全信号"。是不是对这个词有些好奇？之后我们会好好聊一聊！

🦴 练习2：安定

准备一个安定垫。我想让霍莉知道，它有专属的安全区域来放松。你可以查阅第144页的"安定训练"章节，了解如何建立放松区域。等霍莉意识到在安定垫上等待会带来心理和生理的舒适，再去结合练习1的训练成果，这样它很快就会在安定垫上趴下来。这个时候就可以引入练习3了。

🦴 练习3：冷静

打造冷静区：当你最终不得不出门的时候，你可以把霍莉留在冷静区，让它独自在家休息，不过那是以后的事了。现在，我们要做的是向它说明，冷静区是个很棒的地方。正如你在信里提到的，霍莉在客厅里独自待着时，压力明显很大（从抓坏的地毯就可以看出来），所以那块区域现在很可能已经"有毒"了。我建议你最好换一个地方训练，在一块空白的画布上建立积极的联想。从零开始建立积极的联想，这比从-100开始效果更好，毕竟没有人愿意为了偿还债务而工作。例如，你可以把厨房作为新的冷静区。

在训练开始前的几天，我建议你在厨房门框上另外安装一道儿童门，这有助于霍莉熟悉边界，接受待在厨房里这件事，也方便后期增加你们之间的距离。在训练开始前就把门装上，能让霍莉更好地适应它的存在。

接下来的几周，请你按照下面的步骤训练。只有当你确定霍莉能适应当前的阶段后，才可以进入下一个阶段。

第1步：布置冷静区。先不要让霍莉进入厨房，你先进去，在周围撒上很多好吃的零食，留下几个漂亮的玩具，并把安定垫铺在地上（安定垫暂时还派不上用场，但我希望你把它放在这里，之后会用到的。如果霍莉跳过训练规划，直接安定下来了，我也会欣然接受的）。

布置完冷静区后，请你打开儿童门，让霍莉进去找一找零食和玩具。这一步是为了让它对冷静区产生积极的联想。在它探索时，你也要待在厨房里，但是不要主动参与它的活动，因为我们希望霍莉能把注意力集中在这个地方。

接下来几天，你可以每天让霍莉探索几次冷静区。训练时不要操之过急，最好能慢慢地、平稳地完成整个训练过程，否则你只能退回去重复做过的练习了。

慢就是稳，稳就是快。

第2步：请你继续按照上面的步骤训练，但是可以在冷静区做一点安定垫训练，内容很简单，只需要把安定垫放在冷静区里，提醒霍莉：在垫子上放松会有好处。

每隔一段时间，你可以让霍莉在安定垫上趴下，几秒就好，这样就能把趴下和垫子联系起来了。这个训练也没什么难度，只是小小的附加练习，用来把距离、安定、冷静三部分的训练融合在一起。

第3步：现在你可以和霍莉一起进入冷静区了。在它四处闲逛时，你可以开门，站在门外。它肯定会抬起头看你，但由于你仍在它的视线范围内，所以它不会有事的。很快，霍莉就会享受起厨房地面上的"宝藏"了！几次训练后，你可以逐渐增加你在门外远离它的时间。

第4步：由于你一直在同步做远距离趴下训练，所以现在可以让霍莉待在厨房里，而你站在门外，同时慢慢拉开你们之间的距离。这期间不用让霍莉趴下，因为距离和持续时间才是我们真正需要的，而训练趴下只是实现这两者的手段。具体的操作方法如下：在你离开时，霍莉高兴地在冷静区里闲逛。你可以先离开它的视线10秒，然后平静地返回，接着是20秒、30秒、几分钟。重要的是，有时你要在它吃完所有的食物之后再回来，而且要让它清清楚楚地意识到你不在厨房。这些重复的训练是为了帮它适应独处，而不是趁它不注意的时候偷偷溜走。溜走会带来不可预测性，不可预测性会引发怀疑，而怀疑会导致焦虑。

第5步：在你进入这个阶段之前，我想请你把离家流程写下来，具体步骤可以是这样的：穿鞋、从衣帽间拿外套、从玄关桌上拿车钥匙、打开前门、离开。

如果你是按这个步骤离开的，就请你在这个阶段的训练中逐步建立起这个流程。离家的流程一定要尽可能简单，方便预测，并且始终如一。此外，出门前不要拖拖拉拉，比如："我现在要走了"（一边在沙发底下找左脚的鞋）、"我走了，爱你哦"（一边转身路过厨房去找车钥匙）、"回头见，我要走了"（一边在茶几底下找右脚的鞋）、"走了哦"……

练习时，流程要始终如一，并且能够预测，但也不必让霍莉长时间地等你离开。这就像是练习2的早期阶段，让霍莉进入冷静区，但不要求它做任何具体的行为。你也可以结合练习1，逐渐增加你们之间的距离（但不用让它趴下）。在你重新回到霍莉身边之前，请一点点地加上离家流程中会涉及的元素。

在接下来的一周左右，训练阶段大致应该是这样的：

第6步：……霍莉进入冷静区，你离开、走到鞋柜前、拿起鞋子、回到霍莉身边……

第7步：……霍莉进入冷静区，你离开、走到鞋柜前、拿起鞋子、坐在最下面一级楼梯上、穿鞋子、走到衣帽间、穿外套、从玄关桌上拿起车钥匙、回到霍莉身边……

第8步：……霍莉进入冷静区，你离开、走到鞋柜前、拿起鞋子、坐在最下面一级楼梯上、穿鞋子、走到衣帽间、穿外套、从玄关桌上拿起车钥匙、打开前门（人留在屋里）、关门、回到霍莉身边……

第9步：……霍莉进入冷静区，你离开、走到鞋柜前、拿起鞋子、坐在最下面一级楼梯上、穿鞋子、走到衣帽间、穿外套、从玄关桌上拿起车钥匙、打开前门、走到门外、关门、立即回到霍莉身边……

第10步：……霍莉进入冷静区，你离开、走到鞋柜前、拿起鞋子、坐在最下面一级楼梯上、穿鞋子、走到衣帽间、穿外套、从玄关桌上拿起车钥匙、打开前门、走到门外、关门、在外面停留10秒、回到霍莉身边……

第11步：……霍莉进入冷静区，你离开、走到鞋柜前、拿起鞋子、坐在最下面一级楼梯上、穿鞋子、走到衣帽间、穿外套、从玄关桌上拿起车钥匙、打开前门、走到门外、关门、在外面停留30秒、回到霍莉身边……如此反复。

请注意：训练时，不要每次都加上新的元素。你可以时不时短暂地离开，比如有时候离开30秒，接着是10秒、2分钟、5分钟，然后又变成30秒……建立"外出时间"时，每次持续的时间最好长短不一，这样能更好地巩固训练效果，帮助狗狗适应。

重要通知

不要鬼鬼祟祟地走路！

人们平时的走路姿势是很自然的，但是在训练狗狗的时候，情况就变了！当你在冷静区徘徊，准备进入离开流程时，千万不要鬼鬼祟祟地走路！这看起来是你努力地想自然离开，但反倒显得很刻意，就像是在说："霍莉，我身上没有什么值得你关注的，我只是在正常地走路呢！绝不会像抓孩子的人那样偷偷摸摸地溜走！"

请你放轻松，正常地走路吧！

我们要确保霍莉非常喜欢这些训练，要让它觉得，训练开始就意味着会有美好的事情发生，意味着接下来听到的都会是好消息。我们为霍莉安排了一系列训练，包括延长安定的持续时间、拉开距离、建立冷静区，而这些训练又被拆解成了许多循序渐进的小练习，这样你操作起来会很方便，霍莉也能轻松地完成。最重要的是，每次训练时都要给予大量的奖励。这样做有两个目的：一是强化我们想要的行为，比如安定；二是把"独处的时间"与美好的事物联系在一起，这一点尤为重要。我们正努力改变霍莉对独处的态度，而这也会让它的世界变得更美好。

这一切从书本上看很美好，是不是？感觉操作起来很容易，无非是按步骤操作，完成之后，霍莉就会变得开心起来了。但可惜，实际操作时并不会这么顺利。尽管你尽了最大努力不把霍莉单独留在家里，但还是会遇到需要紧急外出的状况，而你又来不及安排家人或邻居来陪它。如果安全可行的话，你最好把霍莉带在身边。在训练早期，狗狗往往会觉得待在车里比单独留在家里更好，尤其是当它们有条件性恐惧的时候，比如霍莉这种情况。（如果让它待在汽车里，请确保时间不要太长，而且要保证它在车里很安全、很舒适。）

如果你不能带霍莉外出，就得做好止损工作。我们要给它一个信号，告诉它："对不起，我知道独处对你来说不好过，但我必须得走。"如果我们不得不在训练中倒退一步，我希望这一步尽可能小，对训练计划的影响越小越好。

这个时候，我前面提到的"安全信号"就派上用场了。接下来的内容会有点奇怪，请你耐心看下去哦。

在开始前文中的三项练习之前，请你按照下面的方法设置安全信号。（我不想太早吓到你，所以留到现在才介绍这个过程！）

假设你的"安全信号"是一顶棒球帽。

从第一次训练开始，请你每次都戴上帽子，用这个行为向霍莉保证，你离开的时间绝不会超过它能应付的时间。

帽子能避免霍莉产生猜疑，而且因为你给的奖励很大，所以帽子还预示着美好的时光即将到来。

我们首先要让霍莉意识到，棒球帽预示着好事发生：

戴上帽子 = 许多零食

摘下帽子 = 没有零食

你可以在不同的时间和地点做这个训练。这时霍莉的反应并不重要，你唯一要做的是让它意识到：

🐾 主人戴上帽子时，一切都很好，一切都很安全！

🐾 我好喜欢主人戴帽子的时候。

🐾 就算主人没有穿衣服，只要帽子还戴着，我都可以选择原谅他！

等霍莉开始表现出快乐而饱含期待的肢体语言时，比如看到你戴上帽子就放松地摇尾巴，或者目光中流露出期待，你便可以按照上面的方法开始做远距离趴下、长时间安定和冷静区的训练了。每次训练开始时，都要戴上帽子，让霍莉意识到：训练要开始了，美好的时光要开始了，积极的联想要开始了。训练结束时，请你摘下帽子。

霍莉还没有准备好独处，而你不得不出门

棒球帽现在是安全信号，会告诉霍莉接下来只会有好事发生，不会出现它无法承受的事情。有了安全信号之后，如果你的确要外出，而你知道霍莉必须独自留在家中，并且很可能承受不了这份压力，这时候你只需做到这一点就好：出门之前不要戴上帽子。

这样做可以为训练提供保障。如果霍莉在康复过程中遇到了障碍，安全信号可以缓解它的恐惧和焦虑，在你离开的时候帮它挺过去。这个方法不仅能避免影响训练效果，还能增加可预测性。

棒球帽就是保障。

注意：等你完成了长时间离家的训练后，就可以考虑养成摘下帽子的习惯。离开时，摘下帽子放在前门外面，等到家后再把帽子戴上。

要知道，缓解狗狗的分离焦虑是一件很难的事。我介绍这些方法并不是为了证明这个问题很容易解决。有需要的话，建议你寻找优秀的训犬师或兽医，为你提供技术和精神支持。你还可以考虑使用一些简单、实用的工具，比如插入式犬类舒缓费洛蒙扩散器。它可以释放出安抚信息素，也许对训练有帮助。你也可以打开收音机，打破霍莉独自在家时的寂静，但是不要只在外出时才打开收音机，我们可不希望把它变成独处即将来临的信号。此外，你还要考虑霍莉的运动习惯。有时狗狗在散步后会更放松，而有时则会更兴奋。

缓解分离焦虑是一个漫长的过程，可能要花很长的时间，甚至几个月，才能达到你期望的状态。但我希望你不要着急，按照正确的步骤训练，只经历一遍这个过程就好。其间会有一些小插曲，但安全信号会帮助我们减少负面影响。一旦你的训练进度加快，你开始离开霍莉的视线了，就可以考虑在家中装一个摄像头，从手机上查看霍莉的状态，确保它看起来很自在，没有被逼得太紧。

和我们一样，霍莉有时会感到自信勇敢，有时也会变得脆弱不安。没关系的，它就像人一样，会有状态起伏的时候。希望你能根据它的实际情况安排训练，你会慢慢看到它的进步的。

学习的过程不会一帆风顺，但请放心，你们付出的努力都是值得的，你正在让霍莉的生活变得更好。

在上述任何一个阶段中，如果霍莉表现出紧张或担忧的迹象，你只需把训练往回退一两个阶段，重新进行巩固就好。训练过程中，最重要的是建立积极的联想，而不是乞求老天来帮你解决问题。我们是通过科学的方法来解决问题，可不是碰运气哦！

第三章

提升生活品质
的练习

　　有的人是和狗狗"住"在一起，而有的
人是和狗狗"生活"在一起！本章将讨论
如何让你和狗狗拥有最好的生活体验。
本章的练习既能让狗狗的鼻子派上用
场，又能锻炼狗狗的大脑！通过这些
日常丰容[1]活动和信任训练，狗狗可
以发挥出自己的独门绝技！

---

[1]　译者注：此处的丰容指的是为狗狗创造合适的环境，设计有趣
的活动，让它们能发挥天性，拥有更多选择的机会，满足它们
生理和心理需求。

第一节　技能

你好，史蒂夫：

　　我和爸爸、妈妈、哥哥还有4只救助犬快乐地生活在一起。我们为新的一年制订了家庭计划，其中有一项计划是希望花更多的时间和狗狗一起开心地玩耍，并给它们做一些有效的训练。每个月我们每人都各自训练一只狗狗，在每月的第1个星期天举办"狗狗才艺比赛"。哪一组的技能掌握得最好，哪一组就是赢家。虽然我爸爸更想给狗狗做正规的训练，不太愿意教它们耍把戏，不过大部分的家庭成员都支持这个计划，少数服从多数！希望年末我们能培养出4只训练有素的快乐狗狗，帮助它们掌握48个拿手绝活，说不定还能写本狗狗训练图书来和你的书一争高下呢！

　　所以，我们想先从你这儿学习4种技能，这样就能开启教学之路啦。拜托你帮帮忙！

　　谢谢！

克里斯提、保罗、马尔科姆、安、罗洛、

大兵、茉莉和阿狐（又称马丁一家）

你们好，马丁一家：

竞争意识很强嘛！

每个月举办狗狗才艺比赛是个好主意，这样你们就能和狗狗拥有更多的美好时光，为你们点赞！你可以告诉你的爸爸，对狗狗来说，任何训练都算是好玩的把戏哦！我很乐意给你们提供下面的几个技能，但是（严肃老父亲要发话了）教狗狗技能时要遵循以下守则：

🐾 这个训练必须对狗狗有好处；

🐾 只教狗狗能做到，并且天生会做的动作；

🐾 不要过度练习以致损伤狗狗的身体。

做任何训练时，我们都不能只关注训练方法，而是要问问自己为什么要做这个训练，这一点非常重要。问"为什么"不仅对我们有好处，对狗狗来说更是大有益处。

🐾 为什么要教狗狗这个技能？

🐾 为什么要用这个方法来教学？

🐾 为什么狗狗要练习这个技能？

难度适中的正向强化训练可以让狗狗和主人享受乐趣、建立联系、一起学习新事物。所以，在坚持上述"严肃老父亲"守则的前提下，我推荐你们训练这几个技能：转圈（绕圈）、鞠躬、绕腿和压场绝活——躲猫猫！

转圈

转圈是个很棒的练习，可以帮助狗狗保持肢体灵活。你还可以把这个练习穿插在松绳散步的训练里，让狗狗保持活跃，听从下一个口令。在教狗狗转圈或者做任何相关的训练时，一定不要在同一个方向上练习太多次。别忘了在反方向上也练一练，把两边平衡一下。如果狗狗做了太多次逆时针方向的练习，很容易导致两侧肌肉发育偏差，后期可能会引发健康问题。因此，训练狗狗转圈时，要确保每个方向的练习量是相等的。我用"转圈"口令来表示逆时针旋转，"绕圈"口令来表示顺时针旋转。

训练开始时，让狗狗面向你站立。想象你俩正站在一面时钟上，狗狗的鼻子和你的脚都在6点钟位置。

- 左手拿着零食奖励，移动到狗狗鼻子的高度。随后，慢慢引导狗狗把头从6点钟位置逆时针转到3点钟位置，到达时说"好样的"。这里提示一个小窍门：接下来，你可以把奖励扔到12点钟位置，而不是直接放进狗狗的嘴里，这样它就会沿着逆时针方向再转一点，顺道就练习上了。运气好的话，在你说完"好样的"并扔出奖励后，狗狗就可以从3点钟位置转到12点钟位置了，还不用耗费额外的零食哦！

在这个阶段，每次练习都要让狗狗面朝你站立。如果你的手高于狗狗的鼻子，千万别急着引导它转向。一定要在高度齐平的时候做引导，这一点非常重要。有的训练者常常会在狗狗头部上方就开始引导转向，狗狗便会向上伸展，做出奇怪又扭曲的跃起动作，这不仅看起来很滑稽，还会有受伤的风险。

- 还是让狗狗面向你站立，左手拿着奖励，移动到狗狗鼻子的高度，慢慢引导它从6点钟位置逆时针转到12点钟位置，到达时说"好样的"，然后将奖励扔到9点钟位置，这样就可以收获附带的练习成果了。

- 现在，你已经准备好引导狗狗从6点钟位置开始转一圈再回到6点钟位置了。等狗狗转完圈，先说"好样的"，然后将奖励扔到3点钟位置，准备开始转第2圈。

- 一旦狗狗能将动作做得漂亮又流畅，你就可以按之前的步骤继续练习，但这次要先下"转圈"口令，再引导它做动作。

🐾 接下来，我们开始慢慢弱化奖励的作用。像之前一样，让手和狗狗的鼻子保持同一高度，但这次手里不要拿零食。说"转圈"，用手引导狗狗转完一整圈，然后说"好样的"，并从小袋子里拿出零食，奖励你的大明星。

当你把左手移动到狗狗鼻子的高度，引导它逆时针转圈时，你的脚可能会向前迈一小步，方便手臂充分伸展到圆圈的最远处。如果狗狗是大型犬，而你的身材娇小，动作幅度可能会更大。不要紧，我们现在正想弱化手势信号的作用，而迈出的步子刚好可以当成额外给狗狗的视觉口令，有助于我们达成目标。

接下来，请你像之前一样下口令，用手引导狗狗转圈，并给它奖励。再次练习时，手部动作变得模糊一些。需要的话，右脚完全可以上前一步，确保狗狗听到口令后能在正确的轨道上转圈。

由于狗狗在正确的手势位置上做了大量的重复练习，已经能听口令完成动作了，所以你可以开始慢慢去掉手势信号。如果它听到口令后能跟随模糊的手势转圈，你就可以从远处下口令了，不用再像挠痒痒先生那样伸出长胳膊来引导狗狗完成动作了。

绕圈就是顺时针旋转练习。教狗狗绕圈时，用右手拿着奖励，依次诱导它从6点钟位置转到9点钟位置，从9点钟位置转到12点钟位置，从12点钟位置转到3点钟位置，最后从3点钟位置转到6点钟位置，顺时针转一整圈。

练习时，给出"绕圈"口令，左脚向前迈一步。狗狗学会了动作之后，记得让顺时针和逆时针方向的旋转次数保持一致，避免出现不均衡的情况。

鞠躬不仅看起来憨态可掬，也对狗狗的健康大有好处。在进行其他较大强度的训练之前，你可以让狗狗转几个圈、鞠几个躬来热热身，预防软组织损伤。

除了训练的时候，狗狗还会在早上鞠躬，这是它们晨间伸

展的一个步骤。视觉型狩猎犬尤其喜欢这么做：睡醒了先鞠个躬，伸展一下前腿和胸脯，再拉伸一下后腿和脖子，紧接着打个哈欠。如果是灵缇犬，还会跳上沙发睡个回笼觉。

狗狗还会通过鞠躬来邀请其他狗狗玩追逐游戏。为了清楚地表明玩耍意图，它们会把身体前侧压得很低，俏皮地把小屁股撅得老高，让大家都能看到。我第一次见到我妻子的时候也是这么殷勤的。

完美的鞠躬动作有几个必要元素，你可以按照以下步骤教学：

🐾 我建议你坐在地上教学，这样能舒服一些。先让狗狗面向你，然后手握着零食，慢慢在它前腿间的地面上滑动。当拳头滑动到狗狗下巴下方、胸脯前方的位置时，你会发现它的肘部和胸脯都会贴向地面。在它压低身体前侧、屁股撅起的那一刻，说"好样的"，然后抬起手，把零食放进它嘴里。状况理想的话，这时候狗狗应该还是站着的。我之所以希望你抬手给奖励，是因为这样可以在狗狗的屁股落地之前就打断它压低身体的趋势。否则，它会认为自己是因为趴下才获得了奖励，而不是鞠躬。如果在你表扬的时候，狗狗已经趴下了，也不要紧，奖励照给，毕竟咱们承诺的东西得算数。下

次练习时，努力将时机把握得更精准一些就好了。要记住，这个动作很特别，会消耗身体的核心力量，所以别一直练个不停，特别是在训练早期。

🐾 下一步，我们要让每次练习的动作更加明确清楚，从微微压低胸脯过渡到鞠躬。调整动作幅度时一定要循序渐进，不要急于求成，狗狗的核心力量是要逐渐加强的。此外，你还要确保狗狗知道，咱们训练的动作是鞠躬，而不是趴下。如果狗狗总是顺势趴下去，建议你重新去做之前的强化练习。先让狗狗保持站立姿势，然后训练它把胸脯压得越来越低。除了趴下以外的任何姿势都可以强化。

🐾 我们希望未来狗狗在没有食物奖励的情况下也能听口令鞠躬，因此接下来我们要开始逐渐弱化食物的存在感。请你继续按照上文的方法训练，但这次手里没有零食。看到狗狗鞠躬后，说"好样的"，然后和它一起走向旁边的桌子，从桌上的小袋子里拿出零食作为奖励喂给它。如果你想延长鞠躬的持续时间，这个办法可以有效避免狗狗完全趴在地上。

🐾 现在，你可以加上口令了。说"鞠躬"，然后把拳头放到狗狗的前脚间。等它鞠躬后，说"好样的"，并给出零食，强化动作。

🐾 接着，我们要开始强化手势信号了。每次成功练习后，你可以逐渐降低拳头的存在感，直到狗狗只要听见口令，就能鞠躬。等它做到了这一点，你就可以慢慢拉开你们的距离，从远处下口令。

好啦，鞠躬技能就介绍完了，接下来我们来讲讲"绕腿"。

绕腿

绕腿是很好的过渡训练。你可以借鉴上文转圈练习的方法来训练这个动作，同时这个动作还能为下文的躲猫猫技能训练做准备。绕腿不仅可以让狗狗的身体更灵活，还可以让松绳练习变得更有趣，狗狗也会因此更喜欢你，和你更亲近。这些优点对召回练习都很有帮助。

🐾 开始训练时，你的右腿向一旁迈一大步，和你的左腿保持1米左右的间距，让狗狗站在你的左手边。站定后，左手拿着零食，引导狗狗走到你的两腿之间。换手，用右手中的零食引导狗狗绕到你的右腿后侧，完成后说"好样的"，并给予零食奖励。要确保狗狗看到食物的走向，这样它就会绕着你的腿漂亮地转个小弯来捡零食。

* 按照上述方法多练习几次，之后可以让狗狗站在你的右边训练。左腿迈开一步，右手拿着零食来引导它走到你的两腿之间。换手，用左手中的零食引导狗狗绕到你的左腿后侧，说"好样的"，并给予零食奖励。这些小幅度的转弯之后可以组合成八字绕腿动作。

* 接下来的动作可能会让你忘记怎么走路！请你两只手都拿着零食，右腿迈出一大步。让狗狗站在左手边，用右手中的零食引导它走到你的两腿之间。当它的肩膀碰到你的右小腿肚时，左腿上前一步，再用左手中的零食引导它走到你的左腿后方。随后，把零食往右扔，这样狗狗就会绕到你的前面。终于完成了！真不容易！

* 上述"迈两步给一个奖励"训练变得流畅后，你可以逐渐改为迈三步、四步和五步后给一个奖励。再往后，你就不用拿着零食了。狗狗圆满完成动作后，你可以给出口头表扬，并从口袋里拿出零食奖励它，强化训练效果。你还可以在两腿之间扔一个球，这样狗狗就更会迫不及待地绕腿，动作完成的速度也会加快，训练也会变得更加有趣！

八字绕腿
动作图

2 引导狗狗向前。

1 让狗狗站在你
的左手边。

3 狗狗走到你的
两腿之间。

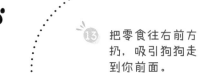

13 把零食往右前方
扔，吸引狗狗走
到你前面。

10 主人左、右手都
拿零食，狗狗站
在左手边。

12 左腿上前一步，
用左手中的零食
引导狗狗走到左
腿后方。

11 用右手中的零食
引导狗狗走到两
腿之间。

132

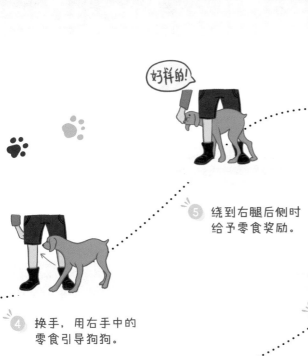

好样的!

⑤ 绕到右腿后侧时
给予零食奖励。

④ 换手,用右手中的
零食引导狗狗。

⑥ 让狗狗站在你
的右边。

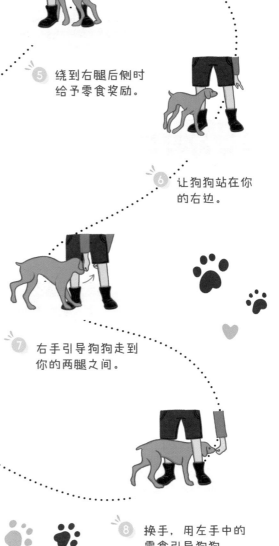

⑦ 右手引导狗狗走到
你的两腿之间。

⑨ 绕到左腿后侧时
给予奖励。

⑧ 换手,用左手中的
零食引导狗狗。

躲猫猫

躲猫猫的最终造型是这样的：你双腿分开站立，狗狗在你的两腿之间站着或者坐着，和你面朝同一个方向。这个训练能方便你检查或清洁狗狗的耳朵、眼睛和嘴巴。除此之外，当你带着狗狗在宠物诊疗室这样特殊的地方等候时，躲猫猫可以很好地把狗狗控制在固定的位置。如果你遇到不守规矩的孩子或者怕狗的人，这个动作也能帮你把狗狗安全地控制住。

🐾 像你最爱的超级英雄那样分开腿站立，双手叉腰，神情严肃地凝视着远方……打住打住，该长大了，让咱们回到正题上。请你集中注意力，手从腰上拿开，腿可以保持超级英雄的站姿，两腿之间放一些零食，让狗狗站在你身后，然后向前弯腰，鼓励它从你的两腿之间探出头，这样你们的朝向就是一致的了。

狗狗的脑袋一探出来，就可以奖励几块零食。要一块一块

地喂给它，这样它就能在正确的探头时机和位置上多停留一会儿。

喂完之后，再扔一块零食到你的前方，让狗狗去捡。随后转身背对它，就可以开始新一轮的训练了，重新鼓励它把头从你的双腿之间探出来。

🐾 如果狗狗每次都能流畅地在你的双腿之间移动，那是时候加上口令了。背朝狗狗，双腿分开站立，说"躲猫猫"，接着鼓励它从你的双腿之间探出头，并在这个位置上喂食物。

🐾 接下来，你可以延长动作保持的时间了。狗狗站在正确的位置上后，停3秒，再给奖励。之后可以变成停5秒、10秒……

🐾 为了增加趣味性（更为了在首届马丁之家国际狗狗才艺大赛上一举夺冠），当狗狗从背后靠近时，你可以向内旋转脚尖，摆成内八字，这样狗狗的前脚就可以支撑在你的脚上了。要想达到这个效果，可能会需要些时间。当然，你可以用零食引导它站上去。刚开始练习时，只要狗狗能把一只脚搭在你的脚上，你就该心满意足了，之后再尝试让它搭另一只脚。一旦狗狗能自信地把双脚分别搭在你的脚上，你就可以像父亲教女儿跳华尔兹一样和它一起缓缓移动。接下来，你们就可以参加《舞动奇迹》啦。

希望你们开开心心训练，快快乐乐享受狗狗才艺表演，感觉会很有趣呢！

第二节　嗅闻

你好呀，史蒂夫：

　　我最近领养了一只可爱的拉布拉多。它叫巴勃罗，有3条腿，是个精力充沛又很友爱的小男生。它还不太擅长和别的狗狗相处，不过我们正努力锻炼它的社交能力。它很爱到处奔跑、探索，消耗精力，但在疯跑过后的早上，它的腿经常就不好使了，走起路来一瘸一拐。前主人送它去救助所的时候，它的体重严重超标，所以我们也在慢慢帮它减肥。目前，我们已经做了很多基础训练，但我想知道你有没有什么建议的运动或者活动，既不需要太大的运动量，又能消耗它很多的精力，还不用和其他狗狗一起完成？巴勃罗貌似对什么活动都很感兴趣，但可惜我不能只让它整天追着松鼠跑啊！

　　提前谢谢你！

苏（和松鼠）

拉布拉多

你好，苏：

巴勃罗真是个棒小伙！

现如今，我们的狗狗很容易出现超重或者营养不良的问题，这些情况很常见。

有种方式可以解决你的问题，那就是嗅闻！

所有的狗狗都可以用鼻子来释放精神压力，这是个很重要的放松途径。狗狗通过嗅闻来"看"世界，这会让它们感觉很好。而且说真的，它们的嗅觉超级棒！

我一直对狗狗的鼻子很着迷。即使在我训练狗狗的时候，我也能从它们身上学到很多东西。能成为这么多狗狗"老师"的"学生"，我感到很荣幸。我曾经在非洲与狗狗一起工作，训练它们搜索并发现猎豹等食肉动物的粪便（通俗地讲就是大便）来收集重要数据，比如这些动物吃什么、在哪里出没，以及怎样去保护当地的牲畜。在此期间，狗狗不止一次嗅到了潜伏的"坏人"，救了我的命，保护了我的安全。在英国的时候，我曾与几位训犬师和他们的狗狗合作，大范围寻找各处分布的蝙蝠尸体，以调查风电场对当地蝙蝠数量的影响情况。我一直觉得，狗狗的鼻子可以用来检测疾病、保护野生动物，甚至拯救生命，只是我们还没有把这些能力挖掘出来。想到狗狗还有这么多潜力等待我们去挖掘，我就感到很兴奋。

虽说狗狗的鼻子很灵敏，但是当我把奖励扔在地上的时候，还是会斗胆指出零食的位置，方便它找到，就跟它需要帮助似的。

了解了狗狗超强的嗅觉能力后，让我们来全力以赴地把巴勃罗培养成一只训练有素的嗅探犬吧！别只是让它简单地找找玩具和食物，充分培养它的天赋吧！看到狗狗热情满满地搜索目标气味，这种感觉很棒！虽然（我猜）你很难搞到炸药和毒品，但我们可以用其他气味来训练狗狗定位并指出目标，比如薰衣草油或机油，在网上或者健康食品商店都很容易买到。

需要的工具

两个干净的空样品罐，每个容量约为 10 毫升

一种对狗狗无害的"目标"气味。为了避免和其他气味混淆，这种气味对巴勃罗来说比较独特，例如机油、薰衣草油

一个干净的空果酱罐，配备大小合适的盖子

一包棉球

一次性手套

6 个大号保鲜盒

零食奖励

准备工作：

🐾 在空样品罐和保鲜盒的盖子上钻许多气孔。

🐾 在每个棉球上滴两滴散发目标气味的液体，然后将它们放入果酱罐密封。

🐾 安全起见，应确保盖子的大小适中，材质安全，以避免误食。

🐾 背上零食袋。零食袋要放在背后，不能放在身体前面或者挂在腰间。

🦴 第一步：为选一选创造条件

请你把椅子放在房间中央（或者放在不常摆放的地方，给巴勃罗创造出不同寻常的画面），双手握拳，背在身后坐下，一只手拿着奖励，另一只手什么也不拿。当巴勃罗在你的两膝之间站着或者坐着时，说"选一选"，然后把手移到身体前侧。

让巴勃罗闻闻每只手，探索一番。如果它开始关注起有零食的手，嗅来嗅去，你就说"好样的"，然后摊开手心，让它享用美食。

接着，你可以重复几次以上的练习，拿零食的手要左右换换。只要巴勃罗专心嗅闻拿零食的手，你就说"好样的"，然后展开拳头给它奖励。这些练习的目的是在给"闻一闻，找一找"训练打基础。基础打好之后，我们会巧妙地过渡到寻找目标气味的训练。

🐾

➤ 第二步：介绍样品罐

巴勃罗现在明白了，只要你坐在房间中央的椅子上，就代表"选一选"游戏要开始了。

请你重复上述步骤，但是这次不要直接把零食握在手里，而是装在样品罐里，然后握在一只手上（注意空样品罐的盖子上要钻很多气孔），另一只手拿着空罐。把双手移动到身体前侧，让巴勃罗探索每只罐子。当它开始盯着装零食的样品罐嗅闻时，说"好样的"，然后快速把两只罐子移到背后，从零食袋里拿出奖励给它（记住，要把零食袋放在背后，这样可以避免它被零食袋的气味干扰）。拿零食样品罐的手要换一换，确保巴勃罗不是凭运气猜中的！等它每次都能找到正确的罐子，我们就准备好进入第三步了。

➤ 第三步：搜索

把零食罐放在保鲜盒里（保鲜盒盖子上要钻很多气孔），再把盒子放在地上，然后和巴勃罗说"找到它"。当它找到保鲜盒并兴致勃勃地闻着盒子时，你就说"好样的"。前几次训练时，你可以跪在它身边，依次打开盒子和罐子，把嗅到的零食奖励给它。这个姿势可以很好地强化训练效果，把巴勃罗的注意力集中在盒子上。只要它喜欢这个游戏，过一会儿你就可以简单地说"好样的"，然后改为从零食袋里拿食物来强化它的行为。这样一来，你就不必每次都重新装填零食罐了！

❦ 第四步：排除空盒子

　　继续参照第三步训练，但这次要安插一个空盒子，和装有零食罐的保鲜盒隔几米放置。让巴勃罗从空盒子开始找，之后就按照"选一选"的游戏流程进行。如果它闻的是空盒子，不要表现出任何反应；如果闻的是有零食的盒子，就奖励它，强化这个行为。如果它每次都能找到正确的盒子，你就可以逐次增加空盒子的数量。装有零食罐的盒子会留下独有的气味，所以要一直放在固定的位置。不过，每次找到盒子后，你可以把空盒子打乱，来检验巴勃罗是否学会了排查盒子。比如，你可以把盒子摆成一排，间隔为2米，或者把2个空盒子放在前排，其他盒子放在后排，这样巴勃罗就能先调查一番，再锁定有零食的盒子了。当然，前排摆3个空盒子也行，你自行安排就好。练习时，套不套牵引绳都可以。

❦ 第五步：建立气味库

　　我希望你能尽量避免污染训练区域，所以制造气味库的地点要离巴勃罗远一点，最好是它不会去的房间，比如浴室。选好地点后，就可以准备配套工具了，将薰衣草油添加到巴勃罗的气味库中。操作时，请你戴上一次性手套，防止手染上气味（如果想营造电视剧《犯罪现场》的氛围，可以用镊子来操作）。首先，从果酱罐里拿出吸满薰衣草油的棉球，放进一个样品罐里，这个罐子就是目标气味罐。然后摘下手套，参照第一步，坐到房间中央的椅子上。巴勃罗一看见你背着手坐在那儿，就会进入侦查状态。它可能会想着："不错不错，我知道接下来要玩什么游戏了……"

像之前那样，说"选一选"并开始游戏，但是这次要把装有薰衣草油的罐子放在身体前侧。一看到巴勃罗嗅闻罐子，就说"好样的"，然后移开罐子，奖励零食。成功练习几次后，可以把空罐子和装有薰衣草油的罐子一起摆在面前，让巴勃罗找出装有薰衣草油的罐子，并用零食来强化这个行为。好了，现在你已经把薰衣草油添加到它的气味库里了。

🦴 第六步：搜索目标

现在巴勃罗只剩下一个任务了：不仅要像上文那样闻出薰衣草油的气味，还要找到它的位置。也就是说，先搜索，再定位。

想做到这一点，首先要参照第三步和第四步，把带有目标气味的罐子放在保鲜盒里做几次训练，然后增加难度，把罐子藏在其他地方，比如车库的箱子下面、花园的某棵树后面等。

这样就大功告成啦！现在你已经有一只专属嗅探犬喽！给你们弄两件反光夹克穿上，就可以开始尽情探索啦！

为了尽可能减少环境的影响，我建议先从室内开始探索。等你们转到室外探索时，会发现风向等因素会改变气味的分布。比如，巴勃罗正在草坪上探索，而风正轻轻从左往右吹。由于风把气味吹走了，它可能在目标物左侧1米的位置没什么反应，但是在右侧5米的位置被夹杂着薰衣草油气味的微风吸引，便以为目标物在这里。

　　搜索前，我会要求我训练班上的学生先检查风向。他们很爱这个步骤，会像兰博①那样把草扔到空中，然后吸手指。过了一两周，他们开始穿着迷彩裤来上课，脸上抹着泥，腰间还别着小刀，简直是全副武装！

　　如果巴勃罗能做到上述的所有行为，你就可以回到第一步，给气味库添加第二种气味，比如机油，然后像之前一样，完成第一步到第五步的训练。气味侦查练习能充分激发巴勃罗身上的活力。事实上，所有狗狗都有机会在这个训练中大显身手。我很喜欢嗅闻游戏，因为这个游戏很快就会变成"团队游戏"，你和狗狗就像一家人一样"打猎"，庆祝自己找到目标。

　　无论是对于精力旺盛、冲劲满满的狗狗，还是对于年龄大或身体受损的狗狗，嗅闻游戏都会是很合适的活动。

---

① 　译者注：兰博（Rambo），《第一滴血》系列电影的主人公，是一名退伍军人。

第三节　安定训练

你好，史蒂夫：

　　希望你能帮帮我。几个月前，我领养了一只叫迪斯科的杜宾犬。这么长时间以来，我们相处得很愉快，我非常爱它。问题是，我发现它好像很难在晚上放轻松、安定下来。它的身体很好，也不是因为想上厕所才激动。我觉得（但愿如此），可能是因为能在新家和我永远生活在一起，它实在是太开心了，所以担心万一自己一放松，我就会偷偷离开它！它是从繁殖场救出来的，所以我知道，现在的生活状态对它来说是前所未有的体验。我很理解这一点，但还是希望能尽自己所能来帮助它。

　　我最近在训练它趴下，待在垫子上。但是刚做完动作，它就会随时准备跳起来。白天我会用儿童门栏把我们分隔开一段时间，让它待在另一个房间，出门购物的时候也会让它单独待着，幸好这些时候它都挺放松的。我想知道，怎样才能让它在晚上安定地待在我身边？还想了解一下，坐大篷车旅游时有没有什么安定技巧？希望得到你的建议。

　　非常感谢。

艾莉森

杜宾犬

你好，艾莉森：

从信上来看，你和迪斯科正朝着正确的方向努力呢。继续做短暂的分离训练吧（见第110页），这能帮迪斯科培养和你分开时的适应能力并建立信心。训练时，要确保让它把分离的时刻和愉快的经历联系起来，比如给它一个装满食物的玩具。

此外，我们还要清楚在垫子上趴下等待和安定之间的区别。我认为，不必像教狗狗坐下或趴下那样来教它怎么安定，而是应该更全面地看待这件事。我们首先要做的，是确保迪斯科每天都有合适的机会和途径来充分释放身体和精神上的压力，其次才是创造合适的环境和机会来让它呼气、放松，并自愿练习安定。

想象一下，有人突然走到你跟前说："安定！"你是什么反应？没有其他因素影响的话，你是不会真正放松下来的，除非这个人是达伦·布朗①。所以，我不会下口令让狗狗安定，也不会要求它做这件事，而是仅仅去打造一个适合安定的场景。

等迪斯科过完充实的一天，吃完晚饭、上完厕所后（这样它就不会焦躁不安了），请你去客厅布置一个未来会重复出现的场景：开着电视机，拉上窗帘，调暗灯光……

练习时，你的肢体语言很重要，这能给迪斯科传递一些有用的信息，让它意识到现在是时候放松了。你可以坐在沙发上一

---

① 译者注：达伦·布朗（Derren Brown），英国著名心理学研究者和魔术师，擅长用心理学技巧和魔术来影响人的想法和行为。

边放松肩膀，一边慢慢地陷进沙发，发出几声深长的呼吸声，虽然这听起来挺奇怪的。狗狗和人一样，是以群体为中心的动物，它们能够捕捉到团体中其他成员的感受，甚至能把这些感受表现出来。

不信吗？那就当着狗狗的面打几个哈欠吧。不一会儿，它也会开始打哈欠的。有些情况下，狗狗常常会用打哈欠来传达放松的情绪，而其他狗狗也会用打哈欠来回应。

其实，打哈欠不只会在狗狗之间传染。我在介绍犬类肢体语言的时候，只要讲起打哈欠，就会看到许多学生也忍不住张大了嘴巴，就像鸟妈妈归巢时会看到的场景。你在读这一段时，是不是也正在强忍着哈欠？去歇歇吧，犒劳一下努力学习的自己。

相比口头上要求狗狗安定，发出深长的呼吸声更容易让它们接受、理解你传达出的安定情绪，并给予回应。优秀的父母、教师、训练师和主人都应该知道，只有用对方听得懂的话去表达，才能真正地和对方交流起来。

我们继续来看练习步骤：请你坐在沙发上，在身边放一盒零食，把舒适的新狗床放在脚边，我们想让迪斯科在这儿安定下来。迪斯科是一只典型的杜宾犬，好奇心很强，肯定会去新床那儿探索一番的。这时，你可以轻轻地把两块零食丢到床上给它吃。记住，在这个

温馨提示

先训练趴下，过几天后再练习安定。如果狗狗能在其他地方多次完成趴下动作，就可以顺其自然地过渡到安定动作。

阶段，我们并不是要捕捉任何具体的行为，所以不需要说"好样的"来强化行为。我们只是在为狗狗布置一个场景，能让它舒舒服服地融入进去。然后，一边保持深长放松的呼吸，一边用稳定的频率，慢慢把零食一块块地放在床上。你可以把零食放在迪斯科胸脯下方的两腿之间，这样能促使它最终躺在床上。不需要提示它，它准备好了自然会躺下。

如果迪斯科不知不觉地进入了"训练"模式，开始表现出替代行为，或者紧紧地盯着你的手、脸或身体其他部位，想得到你的回应和指示，不用关注它，只管放松就好，继续保持放松的呼吸和姿势。记住，你不是在"下口令"，只是在为迪斯科提供一个练习放松和安定的机会。如果它很难放松，那就缩短训练时长。

别把安定训练变成对狗狗的折磨，也不要让训练变成消耗战。明天又是新的一天，你会在今天的训练基础上有所进步的。练习不能让训练成果变得完美无缺，但是能帮助狗狗养成长久的习惯。要想达到理想的效果，一定要坚持重复练习哦。

🐾 迪斯科再次放松时，你可以大方地奖励它。

🐾 看到它在床上坐下后，你可以用稳定的频率，慢慢地、一块块地把零食放在它的前脚外侧，促使它把重心放在臀部。这样，它进入状态后就会放松地趴下了。

🐾 如果它很放松地趴在床上，你可以继续用稳定的速度给它零食，但是要降低频率。不过，如果它出现了以下行为，请你务必在床上放一块零食奖励它：

☒ 耷拉着脑袋；

☒ 发出一声长长的叹息；

☒ 因为放松而懒洋洋地舔着嘴巴；

☒ 平躺在一边。

🐾 如果迪斯科状态很好、很放松，那你可以每隔一段时间
缓慢地、轻柔地抚摸它一次，从肩膀一直到脊柱底部。

刚开始的训练时间可以短一些，按照迪斯科的节奏来就好，几天后可以增加时长。每次训练都要安静地结束。

只要迪斯科晚上能主动在床上待着，你就可以把床搬到大篷车上做进一步练习，并继续给它制造积极的联想，这样它在旅途中就能保持安定了。记住，大篷车是一个新地点，所以你可能得重新做一些基础的安定训练。此外，我们要让狗狗知道，保持安定是一件好事。重要的是，过完忙碌的一天，你和狗狗都渴望享受安静祥和的夜晚，这是最好的犒赏。

第四节　剪趾甲

你好，史蒂夫：

　　我的狗狗叫淘气，是只"串串"狗，今年大概6岁，是3年前从皇家防止虐待动物协会领养的。说真的，它各方面都很好，就是剪趾甲的时候有点麻烦。它很讨厌剪趾甲，我也不知道为什么。我试过慢慢地剪，但它还是会扯着嘴角抱怨。即使只是拿着趾甲剪接近它，它也会起疑心，立马从温柔的小天使变成凶狠的恶魔。

　　请教教我如何帮助它。

　　　　　　　　　　　　　　　　　　　　玛格丽特

你好，玛格丽特：

我最喜欢这类被救助的狗狗了！你们能生活在一起，真好！你从剪趾甲这件事上看到了帮助狗狗的机会，有这种意识非常好，因为只要它们表现出攻击性，就代表着它们需要帮助。

没人知道淘气为什么害怕趾甲剪。也许它以前被趾甲剪剪到了肉，体验很糟糕；也许它只是不喜欢别人碰它的脚，和趾甲剪并没有关系；也许它有过肩膀酸痛的毛病，前主人一抱它，它就会焦躁不安。谁知道为什么呢？

不过，我们知道它现在更容易被惹毛了，甚至连看到趾甲剪都受不了。所以，我们要做的是尽量增强它的忍耐力，让它不那么容易生气，甚至教它爱上修剪趾甲！

可怜的淘气已经学会了识别警告信号。当看到你拿着趾甲剪走过来，它就进入了备战状态，预想着最坏的情况发生。我们要帮它忘记过去的糟糕经历，重新创造积极的剪趾甲体验。

我总是把行为问题想象成一条粗绳子。要想解决问题，就要把绳子拆散，把里面的每根线都梳理清楚。从过去的经验来看，每次专心整理一根线，效果最好。线整理好之后，就可以把它们重新编成一条更结实牢靠的绳子。

关于淘气剪趾甲这个问题，我们要梳理下面几根线：

🐾 修甲地点；

🐾 修甲方法；

🐾 触碰淘气的脚；

😺 修甲工具。

如果你总是固定在一个房间里给淘气剪趾甲，我们就先把地点改改，让后续的操作变得容易一些。淘气对旧房间有不好的印象，所以我希望你换到全新的环境里训练，从零开始，这样就不用解决旧房间里可能存在的问题了。举个例子来说，如果你曾在酒吧被人朝脸上打了一拳，那下次再来这家酒吧的时候，我敢打赌你会很容易激动！此外，我还想让你给淘气买条漂亮的毯子，颜色或者材质都是它没接触过的，只有在剪趾甲的时候才会拿出来。我们就把这个训练叫作"修剪训练"吧！

我们暂时先不要管剪趾甲这个目的，而是先去做铺垫工作，在趾甲剪出现之前，帮淘气培养乐观积极的态度。

想象一下这个场景：你和淘气在没有杂物的房间里玩耍，你已经提前把新毯子放在了橱柜的顶层，零食袋也一并藏了起来。

三、二、一，"开始"！

🦴 第一步

一边和淘气说："我们要不要拿毯子？噢，宝贝毯子！"一边慢慢地、兴奋地把毯子从橱柜顶上拿下来。在地上铺毯子的时候，要营造出满满的仪式感，就像你在为泰国国王铺红毯一样，等他迈着尊贵的步子踩上去……要演出很夸张的感觉哦！不，是非常夸张的感觉！铺好之后，慷慨地把淘气爱吃的零食扔在毯子上，比如火腿和奶酪。这时候，我们并不指望淘气做出任何特定的行为，只是在给毯子赋予魔力。先让淘气好好享用食物，之后故意静静地把毯子和食物放回架子上，接着你就可以去处理日常事务了。每天重复这个过程两到三次，这样每当你展现能赢得奥斯卡奖的拿毯子演技时，淘气就会用肢体语言释放出积极的情绪信号，比如摇尾巴、放松脊柱、期待的眼神中洋溢着快乐。我们现在是在延长淘气的"情绪保险丝"，也就是说，在增强它的忍耐力。帮助它培养出乐观积极的情绪，这能有效克服之后剪趾甲训练时的障碍。

🦴 第二步

像之前一样把毯子拿出来，快乐的淘气肯定会出现在你附近。但这次不要先把零食撒在毯子上，而是先鼓励淘气站上去，然后奉上零食大餐。我们想创造出这样的条件：只要淘气高高兴兴地站在毯子上，就会有好事发生。这个训练可以多做几次。如果你想让淘气以后坐着或者趴着剪趾甲，练习期间可以在它感觉舒服的时候，在毯子上强化练习这两个动作。但是，现在还不能使用趾甲剪。在此之前，我们还要多制造一些可以预测的积极信号。

🐾 第三步

像之前一样鼓励淘气站到毯子上。在触摸它的身体部位之前，先说出这些部位的名字，每次摸完之后都要给它奖励。这个练习不仅可以建立起可预测的信号，打消淘气的疑虑，还可以让它对触摸这件事产生积极的联想。这样，"情绪保险丝"就又延长啦！

你可以跪在淘气身边，说"肩膀"，然后碰碰它的肩膀，给出奖励。碰到肩膀之后才能给奖励，这样"肩膀"口令就预示着被触碰，而被触碰又预示着有好吃的。不要一边说身体部位的口令，一边触碰狗狗并给奖励，这样训练效果就会打折了。

参照上面的步骤完成"肩膀"口令（比如可以用左手碰淘气的右肩，右手碰左肩），怎么舒服怎么来，最重要的是要在你俩之间建立信任，并坚持练习下去。一旦淘气适应了被你的双手触碰肩膀，就可以开始训练下面的口令了。记住，先说口令，再触碰，最后给奖励。

"手手"（前脚）；

"脚脚"（后脚）。

做触碰练习时，你也可以未雨绸缪，为以后的其他活动做准备，比如见兽医和做美容。这里补充一些口令：

"牙牙"；

"尾巴"；

"耳朵"；

"眼睛"。（可以戏精般地展示滴眼药水的动作！）

🦴 第四步

现在，淘气已经很乐意待在房间里、待在毯子上，也很愿意被人触摸了。接下来，我们来让它对剪趾甲也产生些好感。淘气站在毯子上的时候，你可以跪在它身边，手背在身后按一下趾甲剪，然后给奖励。

简单来说，趾甲剪的声音就等于奖励。

我们现在是在梳理"趾甲剪的声音"这条线。接下来的几天里，请你多重复几次这个练习。

接下来，我们去解决淘气"看到趾甲剪就生气"的问题。随后，让它适应趾甲剪的气味。再往后，在给它零食之前，让它既能看到趾甲剪，又能听到趾甲剪的声响。

在此期间，趾甲剪不要靠近淘气的脚，要始终放在显眼的地方，轻轻松松地就能被看到，又不会让淘气感到不安。放置趾甲剪时，你的动作要慢一些，夸张一些，不要营造神秘感，也别让狗狗产生猜疑。

以上就是所谓的"脱敏训练"。在这个过程中，淘气逐渐接触到了（曾经）让它害怕的趾甲剪和（曾经）令它恐惧的剪趾甲流程。这个强度既能让它感受到剪趾甲会涉及的所有元素，又不会使它产生负面情绪。此外，把趾甲剪和食物搭配在一起，可以让淘气的情绪更积极，变得乐于接受趾甲剪的存在。

把绳子重新编起来

现在我们已经把每条线都梳理好了，接下来可以开始编绳子了。要一条条地仔细编哦！先把毯子从橱柜上拿下来，让淘气开心地站上去。接着，跪在它身边，说"手手"，用左手触碰前脚，右手和淘气保持一臂距离，按一下趾甲剪，然后用"第三只手"给奖励！（零食袋这个时候就派上用场了，就放在门厅吧！）

趁淘气放松地享受着训练，慢慢把趾甲剪靠近它的前脚。快接近的时候，你可以说"手手"，然后拿起前脚，剪一个趾甲，接着给奖励。之后请你用相应的口令一步步地剪完所有趾甲。

如果进展很顺利，你就可以换到你真正想给淘气剪趾甲和做美容的房间，愉快地重复上述步骤啦。记住，毯子的布置和身体部位的口令不能变，操作时要循序渐进。

脱敏训练除了能改善剪趾甲的问题，还适用于其他许多情况，比如解决狗狗在梳毛、看兽医、吃药等活动中挣扎的问题。在开展训练前，先仔细想想，狗狗的脱敏过程可以拆解成多少条细线，单独处理的细线越多，训练效果就越好。

第五节 追踪训练

你好，史蒂夫：

    我的狗狗是一只11岁的罗威纳犬，名字叫布鲁诺，性格一直很安静。在公园里，大家都觉得它很懂事。它的行动没有以前那么利索了，但我们还是很爱一起活动，所以我想了解一下，有没有什么新的项目可以加到它现有的活动里？也许还能帮它改善一下？

    谢谢！

玛丽亚和布鲁诺

罗威纳犬

你好，玛丽亚：

没错！我知道你和布鲁诺适合什么活动！

如果我可以和某只年长的狗狗玩几个小时，我会毫不犹豫地选择追踪游戏！所有的狗狗都是追踪高手，没有什么比欣赏高手表演更能让我兴奋了。

那追踪究竟是什么呢？它是指狗狗从A点出发，跟着人类的足迹走到B点。过去，人们会通过追踪来抓捕罪犯、寻找失踪人员。就像对待其他的训练一样，我们要问问自己，狗狗为什么要这么做？答案可以从两个方面解释：

- 狗狗天生会追踪。过去，它们必须靠追踪和捕猎来谋生。而且说到底，对狗狗来说，追踪的感觉棒极了。
- 像往常一样，你会让这个游戏变得很有趣，狗狗可以玩得尽兴！

狗狗是通过鼻子"看"世界的。一些厉害的科学家在给狗狗做认知测试时，大多时候都在测试它们对视觉线索的反应，这一直让我感觉挺可笑的，因为在我看来，这种测试根本没办法衡量狗狗的智力。正如爱因斯坦所说："如果我们用爬树的能力来评价一条鱼，那它一辈子都会觉得自己是个笨蛋。"从训犬师的角度出发，我建议"把树放在水里"，也就是说，身为老师，我们应当根据实际情况改善教学环境，来帮助狗狗学习成长。

制造完美的气味

玛丽亚，我无意冒犯，但是你（对狗狗来说）并不好闻。

请你把这本书带到室外阅读……

在室外了吗？很好。

跺跺脚吧。

在原地跳几下。

对狗狗来说，你刚刚踩到的地方和脚印两边没被踩到的地方闻起来明显不同。脚印里会留下植物被踩碎的独特气味、土壤碎裂后释放出的水分和水汽、鞋底残留的气味，甚至会有小虫子的尸体（愿它们安息）。你可以从地上捡几片叶子，先闻闻第一片，然后把另一片捏碎了再闻闻。气味大不一样了，是不是？

狗狗的嗅觉比人要强约10万倍。从比例上讲，布鲁诺大脑中专门用来解读气味的区域比你的约大40%。即使把半茶匙的糖溶解在奥林匹克规格的游泳池里，狗狗依然能闻到糖的气味（这里我们不讨论它们为什么想这么做）。相比之下呢，我曾经傻乎乎地用手机给儿子打电话，问他是否知道我的手机在哪里。

细胞组成了生物，而人类是由超过37万亿个这种小东西组成的。人体中每秒大约有5 000万个细胞死亡，其中有很多是脱落的皮肤

细胞，我们称之为"皮屑"。它们不断地从身体上脱落，形成令人恶心的表皮"暴风雪"。你踏步的次数越多，脱落的细胞就越多。有了这些不断脱落的皮屑，加上来自呼吸道和消化道的死细胞，我们的小狗不整天打喷嚏才怪呢，就像小飞象①在胡椒工厂里那样。

然后是汗水的味道。我的天，我们散发出的气味真是没完没了！这里我不是想笼统地说所有汗水，这就显得太简单了。出汗其实分为压力排汗和散热排汗，两种汗水的气味不一样。通过区分汗水的气味，警犬可以在人潮拥挤的地方追赶嫌疑人。就算这个坏家伙躲在旁观的人群中，警犬也能找出来，因为坏人的气味与众不同，而且很难闻。

说到这儿，你还在原地跳跃吗？很好。跳跃时，皮屑会像圣诞树上的闪粉一样从你的身体上掉下来，而它们的气味会形成一个"锥体"，包围着你站立的地方。如果风从右往左吹，气味锥就会向左移动。如果风从左往右吹，皮屑就会向右飘，气味锥也随之向右移动。虽说脚印是踪迹的关键信息，但是别忘了，脚印周围还有气味锥，里面保留了我们不断散发出的气味。

如果你想和布鲁诺组成追踪小组，要经历哪些阶段呢？我们来看一看：

① 华特·迪士尼制作公司的动画片里的卡通形象。

你需要以下东西

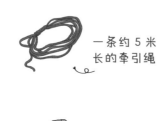

一条约 5 米
长的牵引绳

一件合身的胸背
带，背上可以连
接长牵引绳

玩具

零食奖励

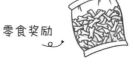

一根可以插
在地上的标
记杆

你最好能找块干净的地面，几个小时内没被人踩过的那种，因为地面越干净，布鲁诺就越容易找出你的脚印。一开始可以把足迹设置成5~10米长，不过你们很快就会需要更多的空间了。如果你是地主，家里有连绵不断的牧场，那就好办了。如果家里没有地，那你就得比别人起得早，去当地的足球场或者公园里设置几条足迹。准备好了吗？

设置足迹

🐾 独自走几步，站在没被人踩过的地面上，把标记杆插到左脚跟旁边的地里，这样起点就设置好了。

🐾 在标记杆底部的脚印里放一块零食。

🐾 双脚并拢，像小朋友扮演火车那样拖着步子往前走，每隔约30厘米在脚后跟处放一块零食。

🐾 我快速算了一下，你在第一个5米轨道上大概要放15～20块零食。说白了，在脚印里放零食是想告诉布鲁诺："闻到起点杆那儿的气味（人类脚印的气味）了吗？顺着它走，会有好事发生哦！"

🐾 等你走到离起点杆5米远的地方时，把玩具放在地上，这里就是终点。

🐾 转过身，沿着刚刚的足迹回到起点。一定要沿着原始足迹返回，这样就不会一不小心留下交叉的足迹，让狗狗感到混乱。

如果布鲁诺在你做准备工作的时候比较冷静，没有很激动，你可以让它趴下，或者请朋友用牵引绳拉住它。如果它很激动，就别让它看到准备足迹的过程，避免过度兴奋。

完成追踪

准备好第一条足迹后，先把牵引绳系在布鲁诺的胸背带上，然后说口令"找找"，并带着它发现起点杆底部的零食。你可以一只手握着绳子，和胸背带保持几厘米的距离，另一只手指着第一块零食。记住，现在做的这些事对你俩来说是全新的体验，布鲁诺暂时还不明白追踪游戏是怎么回事，但它很快就会搞清楚的。你要做的是引导它沿着足迹行走，发现沿途的零食，这样它就能把足迹和零食联系起来了。它慢慢会明白只要顺着特定的脚印走，就会有好事发生。在刚开始训练时，绳子可以收短一点，这样你才能时时关注到布鲁诺的动态。

训练时，你可以站在布鲁诺旁边，让你的膝盖和它的肩膀保持高度一致。为了避免足迹又沾染上你的气味，尽量不要走在布鲁诺前面。当它沿着足迹前进时，你可以和它并排走，方便给它指出下一粒零食的位置。一路上，要引导它顺着零食往前走，可以走慢一些，多给它点时间寻找零食。但是如果它已经迫不及待地想去找下一块零食了，就让它去吧！

我总是会试图在各种活动中激发狗狗的干劲。但是如果它已经在追踪了，我们早期就不要说太多的话，以免分散它的注意力。有位睿智的训犬师前辈曾告诉我："不能用牵引绳逼着狗狗做事情。"大致总结一下就是："闭嘴！"如果布鲁诺停下脚步抬头看，你可以轻轻指出下一块零食的位置，帮它回到足迹上。

快到终点时，终点的玩具提示你已经要走到底了。要知道，狗狗现在正热火朝天地处在追踪模式，即使是超爱玩具的狗狗也常常会忽略终点的玩具。没关系的，这个状态特别好！这表示它正沉浸在你安排的新活动里呢。

如果狗狗对玩具超级痴迷，几次训练下来，相比享用零食，更喜欢在终点玩玩具，那你就把玩具换成更无聊的标记物，比如手套。在这个训练阶段，我们希望狗狗享受沿途的快乐，而不是到达目的地的喜悦。

如果布鲁诺很高兴，安安稳稳地沿着足迹享用美食，开开心心地找到玩具，那就让它在终点多玩一会儿吧，以奖励它顺利完成训练。

在之后的训练中，你可以逐渐增加足迹的长度，顺便观察风向是如何将追踪气味的布鲁诺"推"到足迹的某一侧的。出现这种情况并不代表它错了，它只是在寻找气味最重的地方。追踪就是会出现这种情况，因为狗狗永远最清楚气味在哪里。等你开始追踪了，就会发现这个活动促使你从布鲁诺的角度来看世界，你会为狗狗灵敏的感官和优秀的追踪技能赞叹不已。

经过穿戴胸背带、系牵引绳、接触起点杆底部以及听"找找"口令一系列行为，布鲁诺会明白，只要沿着足迹走，就能找到食物。起初，足迹会像食盆一样散发出香气吸引着它，但经过充分的练习后，足迹会和食物联系起来。这时你就会发现，布鲁诺会绕过许多零食，因为相比吃东西，追踪的乐趣已经占据了上风。这个状态很好，你可以不用那么大方地给零食了，不必在每个脚印里放食物，而是每3个、5个、7个脚印放一块零食，逐渐增加间距。如果它找起来有些困难，你就在下一个足迹里多放些零食，保持它的信心。和往常一样，别太贪心哦，别指望狗狗很快就能上手。

要想提升难度，除了延长足迹，你还可以把它弄"旧"一点，办法是先设置好足迹，过10分钟再带布鲁诺到起点杆。如果追踪进展得很顺利，就把下一个足迹弄得更"旧"一点。如果布鲁诺表现得不太好，就缩短出发前间隔的时间。足迹越"旧"，气味残留的范围就越小，因为脚印外围的气味会散去，只留下脚印里浓郁的气味源头。

随着训练的深入，你可以请朋友来设置足迹。要想点燃布鲁诺的追踪热情，你可以在黎明或黄昏时分带它出门，因为追踪者天生会在这个时间狩猎。经过几周的训练，你们的追踪距离会越来越长，那时就可以加入45°或90°转弯来增加难度。到时候，你很可能和我以前一样，很快就开始取消各种约会，就为了偷偷和布鲁诺玩一天追踪游戏！

我真为你俩感到兴奋！追踪游戏超级好玩，我最爱和狗狗一起追踪了！你感觉出来了吗？

第六节　物品寻回

你好，史蒂夫：

　　我想教我的猎狐㹴犬莱诺一起玩寻回游戏，但是现在只要我扔玩具给它，它就会跑开，还会把玩具"杀死"！这该怎么办呢？

蒂娜

猎狐㹴犬

你好，蒂娜：

㹴犬就是这么有"杀伤力"！

多年来，人们会培育特定的犬种来强化捕食行为模式中的某些能力。捕食行为模式包括：

🐾 看见猎物、追踪猎物、追赶猎物、抓住猎物撕咬、通过甩动来杀死猎物、肢解猎物、吃掉猎物……

过去，狗狗若想在野外获取能量来源生存下去，得把捕食行为模式中的各个环节都协调好，就像一台运转良好的机器，这样才能找到并捕获猎物。

如今，狗狗几乎什么也不缺，我们把它们照顾得好好的。当我们外出"打猎"时，它们只需要悠闲地待在沙发上玩耍就好了。

牧羊犬很擅长用眼神给"猎物"施加压力。灵缇、惠比特犬和勒车犬则是追捕高手。而**㹴犬**最拿手的呢，就是通过甩动来杀死猎物。就像你在信里说的那样，你想让莱诺把玩具叼回来，但它却把玩具"杀死了"。

我曾在大学里教授动物行为学，课上我会给学生放一个视频，内容是一个男人带着**㹴犬**小队灭杀旧仓库里的老鼠。对我这种爱自然的素食主义者来说，看这个视频的滋味并不好受，但它充分展现了**㹴犬**的捕猎本能。视频中，农民把一捆捆干草吊起，几十只老鼠便像四溅的烟花一样蹿了出来。嘣！嘣！嘣！**㹴犬**紧随其后。嘣！嘣！嘣！**㹴犬**一抓到活蹦乱跳的老鼠，就会用力甩动，直到老鼠一命呜呼。再之后它们会做什么呢？没错，它们会把老鼠吐出来，然后立即去抓捕并甩动另一只老鼠。

抓住逃窜的老鼠是这场游戏的高潮，也是最有挑战性的环节。如果老鼠不动了，**㹴**犬就会走开，去其他地方继续寻找跑动的老鼠。如果你把一只拉布拉多犬放在仓库里，就会看到**㹴**犬正忙着甩动老鼠、大开杀戒，而拉布拉多犬则会轻轻地叼起小老鼠，一路小跑到角落里，然后一边抚摸，一边轻声说："我爱你，鼠鼠……我超级爱你……我要给你起名字……"说着便慈爱地给小老鼠织起了"蓝色开衫"……

㹴犬经过了选择繁育，喜欢通过甩动来杀死猎物，所以人们会优先选择这种狗狗来猎杀老鼠。正因如此，我们在训练寻回技能时，与其违背莱诺的本能，不如利用它的天赋。我年轻的时候曾在国外工作，那时我还是个训犬新手。有位老师教导我："狗狗的本能一定会在行为中显现出来，所以我们在训练时要考虑它们的特性，免得它们自顾自地去干别的事！"

下文的训练方法不仅适合**㹴**犬这类爱甩东西的狗狗，对别的狗狗也很有效，能够为训练寻回技能打下基础。

寻回"鼠鼠"

请你跪在地板上，把毛巾卷起来打个结放到背后。当莱诺看向你时，说"抓住它"，然后把毛巾拉到它面前滑动，模仿毛茸茸的小老鼠在地上咬来咬去的样子。莱诺会像小猫看到毛线球一

样，忍不住扑上去抓住毛巾。让它去吧，我们正想用这个办法激发出它身上的**㹴犬**特质。

重点来了：莱诺咬住毛巾时，你的手要放得低一些，确保它的脚与地面完全接触。如果你不小心带起了它的上半身，它会把毛巾咬得更紧，它脖子的肌肉可能变得紧张，这不是我们想要的状态。所以，你应该慢慢地移动手，轻柔地在地面上滑动毛巾，保持稳定的节奏。动作太快、太激烈，会让游戏从"柔道对阵"变成"酒吧打斗"，而玩游戏的状态太兴奋，火气太大，求胜心太强，你就很难和狗狗进行沟通。

接着，请你抓住毛巾的一端，莱诺的嘴咬在中央（是毛巾的中央，不是你的手），然后慢慢地用另一只手抓住毛巾的另一端。动作全部到位之后，轻轻地扭动毛巾，然后停下，保持身体和毛巾都一动不动，这样"老鼠"就算死了。

毛巾停止移动就表示"老鼠被杀死了"，这时你便可以给出"松口"口令，让莱诺松开口。在它松口的瞬间，说"好样的"，然后奖励它作为**㹴犬**最想要的东西：再玩一次追毛巾和拉

毛巾游戏。

你可以和莱诺多玩几次这个游戏，直到你们能流畅地完成以下步骤：

- 🐾 "抓住它！"
- 🐾 莱诺咬住毛巾（玩耍时动作要缓慢，重心要低）。
- 🐾 你定住不动，然后说"松口"（或者说"莱诺，我们准备玩下一轮游戏吧"）。

如果你们能熟练地完成以上步骤，就可以加上寻回游戏的元素了：

- 🐾 说"抓住它"的同时把毛巾玩具丢到一边。
- 🐾 莱诺跑去捡毛巾。
- 🐾 莱诺跑回你身边，和你用毛巾玩柔道拉扯游戏。
- 🐾 你先和它玩游戏，然后停止移动毛巾，并说"松口"（或者说"莱诺，我们准备玩下一轮游戏吧"）。

好啦，我们独家的室内寻回小游戏就设计好了。要继续练习，这样莱诺才会一捡到毛巾，就想尽快还给你，然后和你一起玩拉毛巾游戏。

室外寻回

接下来，我们会把室内寻回"鼠鼠"游戏改到室外进行。这里会有一个常见的问题：相比在室内玩耍，你在室外时会把毛巾扔向更远的地方，所以莱诺会更容易被周围的气味吸引，分散注意力。更可能出现的情况是它自己玩起了毛巾，离你远远的。不过呢，你可以准备两个毛巾玩具来解决这个问题。

开始玩游戏啦！先把第一条毛巾扔出去，等莱诺捡起毛巾时，再拿出第二条毛巾在手中挥舞，仿佛它是世界上最好的东西。对莱诺来说，"别人家的饭总是更香"，所以它会不顾一切地想得到你手里飞舞的毛巾。等它叼着第一条毛巾跑回来后，你就等着它松口。如果你做了上面的训练作业，也可以给出"松口"口令。等它把第一条毛巾放到地上，你再给出"抓住它"口令，并把第二条毛巾扔出去，让莱诺跑去捡。

在它跑去捡第二条毛巾时，拿起第一条毛巾。等它捡到毛巾后，你就可以挥舞手里的毛巾了。当它叼着毛巾回来时，鼓励它来你这儿玩拉毛巾游戏，这样它就会乖乖地回到你身边，而你也不用跑太远的路去捡毛巾。用聪明的头脑来节省体力吧！

我们从莱诺的实际情况出发，制订了上述训练方法，设计出了这款㹴犬和许多狗狗都很爱玩的游戏。这个方法还借鉴了逆向法的思路，把寻回中的每个环节都流畅地衔接了起来。

什么是逆向法?

跟着收音机唱歌的时候，你是不是往往前几句唱得特别好，跟歌神开口似的，但后面的段落就只能跟着哼哼了?

嘿，朱迪，别那么沮丧，选一首悲伤的歌，快乐地唱出来
哒哒哒哒哒哒哒，哒哒哒哒哒，啦啦啦啦啦……①

学唱歌、系鞋带、寻回玩具都可以称作行为链。只要你在描述整个练习的过程中，用到了"然后……"这样的承接词，你就是在描述行为链：

🐾 拿起一根鞋带，从另一根鞋带下面穿过，然后拉紧，再把右手的鞋带绕一个圈，接着把左手的鞋带穿进去……

🐾 扔出玩具，然后让莱诺跑去捡玩具，接着它会捡起玩具，随后跑回来找你，之后你拿起玩具……

---

① 译者注：此处为英国披头士乐队（The Beatles）的歌曲Hey Jude的前两句歌词。

行为链的问题在于：第一个行为之后发生的行为往往具有不确定性。行为链开头的行为，也就是第一个行为的练习次数最多，而第二个行为的练习次数会少一些，第三个行为会再少一些，第四个行为就更是少之又少了。因此，通常情况下，在你刚尝试学习某个行为链时，开头的行为很快就会学得比较扎实，发挥稳定，因为你会不断练习这个行为，直到后来遇到更难学、接触得更少的内容，比如《友谊地久天长》的第二句歌词！

提问：如果我们把确定性最强的行为放在行为链的最后，而不是放在开头呢？整个行为链会表现得更稳定吗？

回答：会的。

欢迎了解逆向法。

如何用逆向法教莱诺寻回物品呢？以下是我们希望最终能呈现的效果：

- 说"抓住它"的同时扔出毛巾玩具。
- 莱诺跑去捡毛巾玩具。
- 莱诺跑回你身边，和你用玩具玩柔道拉扯游戏。
- 你先和它一起玩，然后停止移动毛巾玩具，说"松口"（或者说"莱诺，我们准备玩下一轮游戏吧"）。

训练时，我们教授并（通过游戏）强化的第一个行为是让莱诺松开嘴里的毛巾玩具，而这实际上是行为链的最后一步。我们没有直接从第一步开始教学，也就是扔毛巾玩具并说"抓住它"

这一步,是因为这样莱诺捡起毛巾玩具后就会一溜烟跑开了!

我们选择先从行为链的最后一步,也就是第四步开始教学。这样一来,莱诺会对这个行为非常熟悉,动作也会得到大大的强化。等莱诺能顺利完成这个行为后,我们的教学再加上行为链的第一步到第三步。

寻回游戏可以帮助你和莱诺互动交流,所以不要只是像一台发球器那样扔毛巾玩具!你可以用不同的东西来强化训练效果,比如用绳结玩具和莱诺玩柔道拉扯游戏,让莱诺用绳结玩具换取零食奖励,或者等它送回绳结玩具后,奖励它再玩一次。为了避免过多的追逐导致受伤,你可以先用牵引绳拉住莱诺,把玩具扔进茂密的草丛后数5秒,然后说"抓住它"。这样,它得先在草丛里搜查3~4分钟,然后才会从草丛里跳出来,叼着玩具奔向你,和队友(也就是你)庆祝它的发现。

对养狗人来说,考虑狗狗的品种特性是件很有意义的事。过去,人们迫使狗狗适应训练计划,而如今,我们要根据狗狗的实际情况和品种特性来调整计划,这样做才是更明智的。就像爷爷曾经对我说的那样:"如果你要摸一头驴,明智的做法是顺着毛发抚摸。"

一旦你俩都熟练掌握了寻回游戏的玩法,就可以把毛巾玩具换成其他物品。说不定哪天你可以超级傲慢地把车钥匙扔到草丛里,数到5,双手叉腰,冷冷地说:"抓住它!"然后松开莱诺,等它带着钥匙回来。

第七节　背包徒步

你好，史蒂夫：

　　我刚刚搬到女朋友家里住。她有一只脊背犬，叫安贝儿，性格非常好，但是它以前和男人相处时有过糟糕的经历。我和安贝儿已经认识一段时间了，虽然相处得很不错，但是在外出散步的时候，它貌似对我不怎么感兴趣。搬家以后，我很想在它（还有女朋友）身上投入更多时间，和它建立友谊，还希望它也愿意和我成为好朋友。

　　我当兵的时候是训犬员，所以还是挺擅长训练狗狗的。我希望的是能找到办法来增进我们的友谊。另外，如果它能多一些自主选择的机会，而不是听从命令做事，我觉得它和我相处时会更自信。

　　非常感谢。

戴夫

脊背犬

你好，戴夫：

　　我刚好知道该怎么帮你和安贝儿建立友情，办法就是背包徒步！

　　这个办法适合所有狗狗，无论年龄大小，还能帮你大大地缓解日常工作后的压力！

　　一直以来，我希望自己不仅能保证狗狗的日常需求，还能尽可能地满足它们想做的事。狗狗和我们生活在一起时，出门要套上胸背带和牵引绳，沿着既定的路线行走，还要遵守规则，所以很难想象，如果有机会选择的话，狗狗愿意花时间去做什么事。

　　我曾有幸在世界各地分享训犬方法。有一次去秘鲁出差，我无意中跟着街头的狗狗走了走，发现了它在自主安排生活时爱做的事。

　　我跟踪的狗狗并不算是流浪狗，它和主人住在一起。每天早上狗主人做的第一件事就是打开家里的前门，让狗狗出门和其他狗狗玩一整天，做它想做的事，去它喜欢的地方。到了晚上11点，你会看到家门开着，狗狗回家睡觉，等第二天起床吃完早餐，接着又会出门做同样的事情，日复一日。说实话，这样的生活还不错。事实上，我14岁时就是这么生活的！

　　那次经历让我有机会了解，狗狗会选择做什么事来充实自己的生活。我在库斯科武器广场拍摄了它玩耍的场景。那是一个大型的步行广场，周围有许多花园，里面有很多狗狗。

　　以下是这些狗狗的特点：

🐾 喜欢和人待在一起。

　　仅仅是和人待在一起对它们来说都很重要。

🐾 很少去奔跑追逐。

没人要求它们"在街区里快速散步"，所以它们会慢悠悠地闲逛，时不时停下脚步，看看周围的变化。它们不会惊慌失措，也不会急着赶往目的地。

🐾 不会乱吠叫。

它们没有频繁地激动或者发生冲突。

🐾 好奇心强。

如果面前有个包或口袋可以探索一番，它们肯定会上前调查！

🐾 喜欢被触摸。

它们喜欢被人轻轻地从肩膀抚摸到臀部。

🐾 喜欢嗅闻。

它们会好奇地通过嗅闻来探索周围的新物品。

🐾 嘴馋。

它们乐于接受陌生人偷偷递过来的零食。

这些狗狗过得很开心，姿态放松，内心满足。它们的行为告诉了我，如果有选择的机会，狗狗会做什么事。

我坐在那儿，思考着怎样才能让狗狗在家时也同样能选择放松精神，不会因为紧张或兴奋的情绪而肾上腺素飙升。就在那时，我想到了背包徒步活动。

你可以和安贝儿一起完成这个活动，帮助它在无压力的情况下建立起对你的信任，增进你们的感情，还能让生活更充实。每天只需15分钟，就能达到以上效果，非常划算！

未来你会和安贝儿作为家人一起生活，所以如果你们能爱上和彼此一起背包徒步，这绝对是个很好的开始。

背包工具

 一个背包

 一条约 5 米长的长牵引绳（不能用可伸缩的牵引绳）

 零食袋

一根磨牙棒

一件新奇的物品，比如梳子、书、勺子

 装在保鲜盒里的新奇食物

一个装有新奇气味的保鲜盒，比如茶包、旧袜子、猫薄荷玩具

背包徒步规则

不要把背包徒步当成训练，你只是想借此来和安贝儿轻松地相处。

说话时要轻声细语。

把背包里拿出的每件物品都视作一件珍宝。

承诺每天花15分钟进行这个活动。

那就开始吧！

闲逛

开车前往选定的地点，把车停在一个安静的地方，把零食袋别在腰带上，然后轻轻地把长牵引绳拴在安贝儿的胸背带上，带它下车。普通长度的牵引绳会拉得太紧，所以要使用长牵引绳，让安贝儿有足够的空间闲逛，你俩也不会互相拉扯。

开始遛狗的时候，很多主人会像发射导弹一样把狗狗放出去，然后还好奇为什么狗狗会这么兴奋。

接下来，请你牵着安贝儿"逛"到目的地，短短走一段路就好。距离越短，就越不容易遇到让它分心或者激动的事物（比如另一只狗狗或者骑自行车的人）。

"逛"指的是在前往目的地的途中，如果安贝儿想停下来闻闻，很好，不要急着走，让它去闻闻。如果它还想往左或者往右转转，不急，随它去。只有在牵引绳拉得很紧，或者它开始跑的时候，才需要控制它停下。如果你确实需要停下来，那就等到牵引绳变松后再出发，继续闲逛。

闲逛时，如果安贝儿向你瞥了一眼，就对它说"好样的"，捕捉这个行为，然后把零食扔到一边，离它远一点，这样它就会小跑过去捡吃的。正是因为它和你有了互动，所以才会得到奖励。

我让你把食物扔到一边，是因为这样不仅能强化安贝儿和你的互动，而且能再给它机会去嗅闻和探索周围的环境。在徒步早期，狗狗如果既要适应环境，又要从你的手里吃到食物，就会出现"二选一"的冲突：要么探索周围来适应环境、放松身心、获得安全感，要么就到你这里来吃东西。

而把食物扔到一边，这两件事就都能做到了。这是一个双赢的结果，不仅可以帮它更快地适应徒步，还会让它相信，你不会试图放慢这一过程。

召回跑

假设目的地旁有一棵大橡树，想象地上有一个小三角形，三角形的三个顶点彼此相距约5米。在这里，你会和安贝儿玩几次"召回跑"，让它觉得和你一起玩很棒！

 🐾 你站在安贝儿旁边，说"来"，然后在脚边放上2～3块零食。在它吃东西时，请你跑到三角形的另一个顶点，然后面向它。

 🐾 等它吃完食物并抬起头，你就说"来"，然后在脚边放2～3块零食。同样，在它向食物跑去的同时，你就跑到三角形的第三个顶点。

 🐾 继续重复上述的动作，次数不限（如果你或安贝儿不得不停下来喘大气，就表示玩的次数可能太多了）。

等召回训练消耗掉过剩的精力，就是时候安顿下来，进入背包游戏了。

魔力背包

我不清楚你的情况，但我小时候很喜欢听老师说："你这周表现得很好，所以我们今天可以在户外活动。"

"户外？"

所以我们也可以像老师那样，尽可能让背包徒步远离在教室里正经上课的感觉。活动过程中，没有什么对错之分，安贝儿并不是因为做了正确的行为才得到奖励。等它做更正式的训练时，会有很多机会因为做对了而获得奖励的。这些正式的训练都要建立在信任和有安全感的基础上，而背包徒步正是在给这些训练奠定基础。

活动开始！请你坐在安贝儿旁边，像身着亮片礼服的魔术师一样，慢慢地、小心翼翼地、神秘兮兮地把包从背上拿下来（记住，里面装满了珍贵的宝贝）。

正是这种刺激又充满期待感的氛围会把安贝儿的注意力吸引到整个开始仪式上。和狗狗互动时，没必要逼着所有主人都拼死拼活地成为公园里嗓门最大、最有活力的那个人，这是不可能的（而且等你意识到，在狗狗眼里，这么努力的你甚至还没有松鼠便便有趣时，你会非常心痛的）。看电影的时候，我们并不会因为哪个场景的声音响亮而着迷并因此全神贯注地盯着电视，而会因为这个场景有悬念，让人有期待感，或者看似平静却暗潮汹涌，伴随着主人公的低语而专注起来，因为这代表"谜底"……终于……要揭开了。

这正是我们想营造的氛围。所以，你可以一边低声说"哇唔……"，一边慢慢地拉开背包拉链。安贝儿此时会好奇地看着你。然后，请小心翼翼地把手伸进包里，像拆弹学徒那样从包里取出第一件珍贵的物品。

新奇气味保鲜盒

慢慢地把新奇气味保鲜盒从背包里拿出来，轻声说："天哪，这是什么呀，安贝儿？"然后轻轻地把盒子护在手里，让它研究。每次只露出来一点点，就像你小时候抓到青蛙后主动给伙伴展示时那样。接着，慢慢地掀开保鲜盒盖子的一角，让安贝儿闻一闻，然后轻轻地把盒子移开。过一会儿，再来展示盒子，同样不要露出太多部分，看看能不能在介绍气味时让安贝儿集中2分钟的注意力，我相信你能做到。

展示完后，小心翼翼地把保鲜盒放回包里。

接下来，从魔力背包里登场的是……

新奇物品

你可以用任何物品，只要保证安全就好，比如梳子（说实话，这个东西对我来说还挺新奇的）。当你拿出梳子时，我们希望安贝儿心想："天哪，这是什么？好想知道啊！"狗狗不仅喜欢新奇的气味，也喜欢研究新奇的物品。所以，我们怎样才能让安贝儿一直对梳子保持兴趣和好奇心呢？

- 🐾 慢慢地把梳子从背包里拿出来，小声地介绍给安贝儿，确保它表现出了强烈的好奇心，这会让效果变得更好。
- 🐾 像握住幼鸟一样轻轻握住梳子，让安贝儿把鼻子探近闻闻。
- 🐾 脸靠近梳子。等安贝儿也凑过来时，用手指轻轻地沿着梳齿划出"咔嗒咔嗒"的声响，就像多米诺骨牌倒下的声音。
- 🐾 慢慢地把梳子举到嘴边，对着梳齿吹气（这个声音太难描述了，我就不试着写出来了）。

戴夫，优秀的训犬师都是有很创意的，现在是你大显身手的机会！你能用梳子让安贝儿集中几分钟注意力吗？你一定可以的！接下来，重头戏来了……食物！

新奇食物保鲜盒

在这个环节，你不必费力维持你俩之间的联系，但是有件事必须要做：食物对狗狗来说是很珍贵、很重要的，所以在安贝儿获得奖励之前，你绝不能让它猜到自己会有东西吃。

身为狗狗的主人和训练师，我们有时会只顾着获得我们想要的行为，而忽略了它们真正重视的东西——食物。

接下来的方法有助于平衡这两者之间的关系。与其用5分钟的训练换取1秒钟的进食，我们不如加倍努力，让狗狗享受获取食物的仪式感……

像之前一样，非常缓慢地从背包里拿出装着新奇食物的保鲜盒，就像咕噜①第一次展示金戒指那样。缓缓地打开盖子的一角，让安贝儿先闻一闻，然后慢慢地把食物拿出来，比如昨晚剩下的半根香肠，你可以分成10小块，每次给它1块，这样每一口它都能细细品味。

吃完之后，把盒子放回背包，拿出磨牙棒……

---

① 译者注：咕噜（Gollum），《指环王》系列电影中的角色，性格贪婪狡诈，对魔戒非常着迷。

磨牙棒

磨牙棒是背包里最后揭秘的物品（在我们回去之前），它有助于狗狗放松，释放出令它们感觉良好的荷尔蒙，促使它们和人建立联系。所以，要让安贝儿躺在你身边磨牙，这样你就会出现在令它感觉良好的画面中了。还记得秘鲁那些放松的狗狗喜欢什么吗？没错，要缓慢地从安贝儿的肩膀抚摸到臀部。

慢慢抚摸完后，你可以准备回家了。收拾好磨牙棒，拿起背包，回到车上吧。

回家

回车上的途中，要继续遵循之前的规则，让安贝儿自由地探索，只有在它拉紧牵引绳或开始跑动时才停下脚步。途中，如果它朝你瞥了一眼，就对它说"好样的"，但这一次要直接从手里喂它零食，而不是把零食扔向远处。

你们在这个环境中一起待了至少15分钟，安贝儿对这里已经熟悉了，所以现在不会有什么事物阻挡它向你靠近。而且说实话，刚刚你在15分钟的小游戏里，充满好奇感地展示了背包里的小物件，这已经让它确信：你才是公园里最有趣的"东西"！

你在闲逛时扔向远处的食物，其实是为了强化你和安贝儿的眼神交流以及召回行为，而回来的路上从手中喂它零食，有助于以后训练松绳散步。狗狗每天都能学一点新东西，是不是？

接着，你就可以开车回家了。你很清楚自己已经给安贝儿安排了丰容活动，给了它选择的机会，它也选择了去做自己爱做的事。而且你知道吗？几天后，你们散步时的状态会更好。

背包徒步能很好地培养主人和狗狗的关系，适用于小狗、老狗、受伤的狗狗、有焦虑症的狗狗、肾上腺素成瘾的狗狗、被救助的狗狗……事实上，这个活动适合所有狗狗。

你是一名军犬训导员，可以去想想是不是像我说的这样：训练结束时进行背包徒步，对军犬和训导员一定是有好处的，可以帮助双方在紧张的巡逻后放松、减压。

背包徒步的教程就介绍完毕了。每天只需花15分钟，就能让安贝儿感受到爱意，增强安全感，让它乐观地看待你们未来的生活，这个回报真是太棒了！

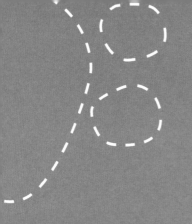

第四章

🐾

了解狗狗，
了解训练

　　本章会将全书的内容串联起来。我们不仅会探讨训犬的内容和方法，还会深入研究训练工具。此外，我们还会讨论训犬课程、如何让狗狗多表现出我们喜欢的行为，以及在它们的成长关键时期需要考虑的诸多事项。

第一节　日常奖励

你好，史蒂夫：

　　我有一只边境牧羊犬，名字叫玛吉，每天我们都一起学习。多亏了你写的书，我对训犬产生了浓厚的兴趣。当心哦！等我毕业了，就会来接手你的工作啦！不过呢，我现在有个问题：出门遛狗的时候，我不会每次都带着零食或者玩具，我担心自己会因此错失训练机会，请问有什么解决办法吗？

卡勒姆

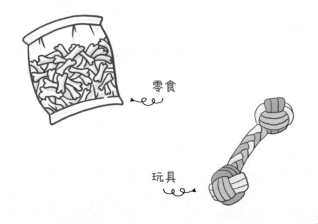

零食

玩具

你好，卡勒姆：

哈！真有你的！等你准备好接手训犬工作，要记得告诉我哦！

你提出的问题很棒。太多人觉得训练就应该发生在固定的时间和地点，比如周四晚上8—9点，在村子的礼堂里。不过呢，按我书里的观点，这意味着每周会错失167个小时的训练（不用数小时数，我用手表记着呢）。

幸运的是，就算没有带训练用品，你依然可以强化你希望狗狗多表现出的行为。

我们采用的方法叫作"日常奖励"。

我们和狗狗待在一起时，周围可能到处都有它们喜欢的活动，比如松开牵引绳玩耍，去逛公园，或者去宠物医院的候诊室，从护士那儿得到零食和爱的抱抱。所以呢，要想用上日常奖励这个办法，首先得知道你的狗狗喜欢什么活动，然后通过给它做这些活动的机会，来换取你希望它表现出的行为。

请你试着完成下面的练习，扩充你的奖励"礼包"，并让玛吉明白，一直做正确的行为对它会有好处，而且不仅仅是在课堂上哦。

请列出玛吉爱做的20件事。只要是它喜欢的事，都可以写下来。比方说，如果给我的第一只马里努阿犬阿斯伯列一张清单，里面会包括下面这些事：

挠耳朵；

咬轮胎；

挖洞；

咬橡胶水管；

玩水；

寻回塑料材质的白色花园家具（别告诉我老婆）；

搜索药品；

上货车；

下货车；

追着我跑；

被我追着跑；

和其他狗狗玩耍；

咬"坏人"；

接食物；

有人揉它的肚皮；

追赶球；

有人揉它的耳朵；

有人挠它的屁股；

坐在我腿上；

去宠物医院。

假如我想让阿斯伯保持更长时间的坐姿，我就会问自己（假设我在合适的环境里）：清单中有没有什么活动可以强化这个行为？

接食物？当然可以！于是，我会让它坐下，数5秒。如果它仍保持着这个姿势，我就说"好样的"，然后扔一块零食让它接住。

揉肚子？百分百可以。于是，我会让它坐下，后退几步，数10秒。如果它还待在原地，我就回到它身边，说"好样的"，然后好好地揉揉它的肚子。

我们也可以换种方式问自己：上面列出的活动里，有没有哪个活动是不能用来强化阿斯伯的行为的？绝对没有。只要这个活动可以进行，阿斯伯也喜欢，我就会用来强化正确的行为。这样一来，我们都很满意，我得到了我想要的行为，而阿斯伯也得到了它想要的活动。当然，如果你的狗狗喜欢在海里游泳，但你住在内陆城市，这可能就不好操作了。不过训练思路你该明白了吧！

有的日常奖励狗狗一下子就能明白，所以就没有必要给它们"命名"了。比如，你和玛吉一起去狗狗日托所，玛吉很喜欢去那里玩。等你走到门口时，你不想让它闯进去，所以就停了下来。玛吉正站在门口，它很清楚接下来会有一段快乐的玩耍时光。这个时候，你可以让它坐下，等它照做时，说"好样的"，然后就可以一起进去了。你得到了你想要的行为（坐下），对这个行为做了"标记"（口头表扬"好样的"）和强化（奖励玛吉进日托所的门）。通过反复练习，玛吉不仅会在你还没有要求它坐到门口时就坐好了（毕竟它是只聪明的边牧），而且会很乐意坐下，因为它会得到超棒的回报！

我再给你举一个阿斯伯的例子。很不幸，它早早就去世了，所以我回忆起它的时候，总是念着它的好，而且它的确曾是世界上最好的狗狗……阿斯伯很完美，在我还在思考让它做什么的时候，它就已经满眼期待地看着我，时刻准备着了。真是一只完美的狗狗啊！可是有一天呢，它进入了青春期，具体内容请看本章第三节！

有一天，我们正朝着训练场走去，中途它从我身边跑开了，于是我对它喊道："来！"然而它回过头说："不！"接着跑去挖它最喜欢的兔子洞了！

正常人都会说："糟糕！"

但是我会说："万岁！训练的机会来了！"

我得赶紧训练了。那天我是这样做的：

🐾 牵着阿斯伯，站在离它最喜欢的兔子洞口几米远的地方。只要我松开绳子，它会去做什么显而易见……所以我会说"去挖吧"，然后松开绳子，让它去挖洞。我们会重复几次这个训练。

🐾 接着，我会重新牵起阿斯伯，和它一起站在离洞口几米远的地方等待。只有当它看向我时，我才会说"去挖吧"，然后它就会去挖洞了，尽情地挖呀挖……
在这之后，我会给它套上长牵引绳，让它坐在离洞口2米的地方盯着猎物，而我站在5米之外。只有当它努力回头和我进行眼神交流，我才会说"去挖吧"，紧接着它就冲上去了。

🐾 下一步，我会让它像之前一样坐着，并和它保持一定的距离，我们之间的绳子是松弛的。等它的目光从洞口移开，看向我时，我会说"来"。如果它跑到我面前要我抚摸它，我就会说"去挖吧"，然后它就会回到洞口去做它最喜欢的事。

后来，我拿掉了牵引绳继续做训练，最终的结果是：阿斯伯特别喜欢听我喊"来"，因为它知道这个口令提示的召回行为会带来世界上最好的东西，在那个时间、那个地点，就是……挖洞！我们都心满意足，这是我所希望的结果。我至今仍然思念它。

要知道，使用日常奖励不仅能有效巩固以前学习的行为，还会让你始终留意强化的机会，也就是训练的机会。

方法介绍完毕，你和玛吉的周围时刻都有强化训练效果的好机会。有一句训犬的老话是这样说的：只要你和狗狗在一起，不是你在训练它，就是它在训练你！但愿你和玛吉在一起训练时能像我和阿斯伯一样快乐。请你继续坚持下去，从玛吉的角度看世界。等你准备好做一名训犬师，就联系我哦！

第二节　响片训练

你好，史蒂夫：

　　我在阅读训犬的文章时，经常会看到"响片训练"和"塑形"这两个术语，但我不清楚是什么意思，你可以给我讲讲吗？

　　谢谢！

席亚拉

响片

你好，席亚拉：

训练时，我们很清楚自己想要强化狗狗做出我们想要的行为。因此，如果它出色地完成了召回训练，我们会扔个网球给它玩。如果松绳散步做得好，我们会奖励它一两块零食。我们知道，这样奖励它是为了强化某个行为，但是狗狗怎么才能知道呢？

想象一下，你正在逛超市。突然，一个身材矮小、长相有趣的经理从过道上向你跑来，递给你一张5英镑（1英镑约等于9元人民币）的纸币，然后又跑开了。真是个怪人！你继续逛超市，结果几分钟后，他又沿着过道向你跑来了，又给了你5英镑，然后就走开了。此刻你不知道这里发生了什么，不知道为什么这个家伙总是给你发钱，但你喜欢这样！

事情其实是这样的：你在超市里闲逛的时候，超市经理正在办公室看着监视器。他拼命地想教你去触碰货架顶层的商品。他读过所有关于训练和行为的书，所以也知道，要想让某个行为有可能再次发生，就得强化你的这个行为。

"就在那儿！"他刚刚发现你触碰了货架顶层的商品，于是从椅子上跳下来，跑下楼梯，进入店铺，经过"调味品和酱汁"商品区，给你奉上了金钱奖励。他知道自己在强化什么行为，但问题是，你不知道。

说实话，如果你知道什么行为能挣5英镑，我打赌你会更频繁地做这个行为！

但是，怎么才能帮经理传达出他想让你做的行为呢？

再来一遍：当你沿着罐头食品过道逛超市时，经理正通过监视器看着你。你从中间的货架上拿起一罐桃子，看了看标签，又放了回去。然后，你把手伸向货架顶层。当你的手触碰到货架顶层的焗豆时，"叮"，经理按了一下铃，店内的广播里响起了铃声。他跑到过道上，把一张崭新的5英镑纸币塞到你手里。你继续往前走，满心疑惑，想知道怎么才能再赚一笔。你一边想着，一边从面前的货架上拿起一颗橙子，放进手推车里，然后又从底层货架上拿起一袋土豆，结果什么也没发生。接着，你伸手去拿货架顶层的南瓜子。就在伸手的一刻，"叮"，铃声响起。片刻之后，经理匆匆向你走来，把5英镑纸币放在了你迫不及待伸出的手中。现在你已经知道，他向你跑来，就预示着你鼓囊囊的钱包里会再添一笔钱，但首先，怎么才能让他跑到你身边呢？

你拐了个弯，面前是一排排的商品，于是你伸出手，开始调查商品。当你最终把手伸到货架顶层，抓住一盒纸巾时，"叮"，经理跑来了，给了你更多的钱！

"原来如此！我知道怎么回事了！"你心想，"当铃声响起时，他就会给我钱！不过怎么才能让他按铃呢？"

你继续购物，拿起中间货架上的薯片……什么都没发生。接着你满怀希望地从底层货架上拿起一块面包，但没有听到铃声，感觉很失望。你继续尝试……走到坚果区的时候，你停下脚步，伸手从货架顶层拿了一包腰果，这时"叮"的一声，来钱了！这时你明白了：触碰货架顶层的商品的时候，铃声会响起，经理会出现在过道上给我钱。

通过你的推理，再加上经理用"记号"（在这个场景中是铃声）"标记"出了你在什么时间做出了他想要的行为，你已经明白要反复做什么行为才能赚取大量的钞票！

先把行为标记出来，再给出强化奖励。这个办法就是这么管用。

训练狗狗时，我们通常使用"响片"来"标记"所需的行为，而不是在超市用广播发出"叮"的一声。响片是个小盒子，只有双层巴士的百万分之一那么大。你用拇指按压响片时，会发出响声。不过，响片并不是标记行为的必要工具，重要的是行为被标记。

海洋哺乳动物训练师可能会用哨子标记；有视听障碍的动物训练师也许会使用闪光灯或手势来标记行为；而训犬师可能会用响片，或者仅仅是给出"好样的""对"这样的口头表扬。有些人认为，使用响片看起来傻乎乎的，这没关系，只要行为被正确且一致地标记出来就行。如果你只想用口头标记，那也可以，只要坚持使用一个音节的标记词就可以了。

有的主人曾经在我的课程中感到慌乱，说："既要牵着绳子，又要顾着零食袋，还要使用响片，啊！我完全应付不过来！"这时我会告诉他："你已经很努力了！"

是什么并不重要，重要的是背后的意义。

本书中，我大部分时候会建议在强化前用口头表扬"好样的"来标记所需的行为，但仅仅是按响片或者说"好样的"是不够的，还要搭配上狗狗喜欢的东西（强化物）来让它明白，自己刚刚做的行为会有好的回报，所以值得重复去做！

时机

使用标记物就像按下相机快门，在狗狗做出所需行为的一瞬间拍下照片，然后给它看，并告诉它："看见你在照片中做什么了吗？这就是你得到奖励的原因。"这样一来，它就学会了什么行为可以获得奖励。狗狗和我们一样，会重复做有丰厚回报的行为。哪个行为得到了奖励，哪个行为就会重复做下去。

塑形

准备好了吗？接下来我们来讲讲和科学有关的内容。

塑形指的是训练者（你）循序渐进地强化狗狗的行为，最终促使它做出目标行为。举个简单的例子，还记得你小时候玩过的"是冷是热"游戏吗？朋友会先待在房间外，而你要决定一个"终极目标行为"，并通过说"热"或"冷"来试图让他们做出这个行为。

假如终极目标行为是"摸冰箱"。游戏开始后，朋友会走进房间，四处张望。当他们的眼睛看向放着冰箱的角落时，你就说"热"。于是他们朝冰箱的方向走了一步，你还是说"热"。等他们朝冰箱区域走去时，你继续说"热"。当然，他们也可能朝错误的方向走一步，远离冰箱。这个时候你就会说"冷"，他们便会回到上一次得到积极反馈的地方，你在这时说"热"。他们越来越接近冰箱了，这期间你几乎没有说"冷"，一直在说"热"，直到他们离得非常近，一伸手就能碰到冰箱。于是你按捺不住激动的心情，大喊："热！""热得不得了！""滚烫！"最终促使他们做出终极目标行为——摸冰箱。

训练狗狗时用的塑形法和这个游戏类似，只不过你绝不会说"冷"，而是用响片声加零食奖励或"好样的"加零食奖励来代替"热"。

比方说，你想教狗狗用爪子关门。

那你可以这样塑形：

- 🐾 在地上放一张有黏性的便利贴。
- 🐾 狗狗看着便利贴时，按一下响片，给一块零食奖励（简称响片加奖励）。
- 🐾 狗狗走向便利贴，给出响片加奖励。
- 🐾 狗狗和便利贴的距离在1米之内，给出响片加奖励。
- 🐾 狗狗低头闻便利贴，给出响片加奖励。
- 🐾 狗狗用脚触碰便利贴，给出响片加奖励。

注意：每次按响片加给奖励时，要把零食扔到你附近，这样狗狗会来找你，然后重新开始做之前的行为。

一旦狗狗每次收获响片声加奖励后都能坚持回去用脚触碰便利贴，动作流畅自然，我们就可以调整训练场景了……

🐾 将便利贴放在门把手下方的地板上，门要紧闭。

🐾 狗狗用脚触碰便利贴，给出响片加奖励。

🐾 重复练习直到熟练。

🐾 将便利贴75%的部分贴在地上，25%的部分折起来贴在门上。

🐾 狗狗用脚触碰便利贴，给出响片加奖励。

🐾 重复练习直到熟练。

🐾 将便利贴50%的部分贴在地上，50%的部分折起来贴在门上。

🐾 狗狗用脚触碰便利贴，给出响片加奖励。

🐾 重复练习直到熟练。

🐾 将便利贴25%的部分贴在地上，75%的部分折起来贴在门上。

🐾 狗狗用脚触碰便利贴，给出响片加奖励。

🐾 重复练习直到熟练。

🐾 将便利贴完整地贴在门的底部。

🐾 狗狗用脚碰触便利贴，给出响片加奖励。

🐾 重复练习直到熟练。

下一个阶段：

🐾 慢慢移高便利贴在门上的位置，让狗狗能轻松地用爪子碰到。

下一个阶段：

🐾 稍稍把门打开，微微带着门闩，这样狗狗只要轻轻一碰，门就会关上，你就可以给出响片加奖励啦！

下一个阶段：

🐾 每次练习时，逐渐增加门打开的程度。狗狗成功关门时，给出响片加奖励。

下一个阶段：

🐾 把便利贴撕成两半，这样它就不会那么显眼了，而敞开的门会变成突出的目标。

🐾 把便利贴再一分为二，这样就只有原来的四分之一大小了。同样，敞开的门是主要的线索。

🐾 撤掉便利贴。只要狗狗用爪子关上门，就给出响片加奖励。

现在，只要有机会，狗狗就会在塑形过程中走到门边，关上门，获得奖励。它终于明白如何做这个行为了。

接下来，我们要添加口令，这样狗狗就知道什么时候要做这个行为。如果不添加口令，它就会一直在房子里东跑西跑，摔门而去，就像没钱的父亲为暖气费烦神时表现的那样！

加口令

🐾 像之前一样安排训练内容，但是在狗狗真正关门的一瞬间，说"关门"，和关门的行为配合起来，然后给出响片加奖励（多练习几次）。

🐾 熟练做到上一点后，改为在狗狗关门的前一秒说"关门"。成功关门后，给出响片加奖励（多练习几次）。

🐾 说"关门"，狗狗走到门边，关上门，给出响片加奖励。

你现在已经给关门这个行为"命名"。当你说"关门"的时候，就会提示狗狗去关门，而且只有在你下口令的时候，它跑去关门，才会得到奖励。

在添加口令之前，请确保这个行为能够顺利完成，并且发挥得很稳定。添加口令的规则是：在狗狗爱上这个动作之前，不要给它命名！

方法介绍完毕，希望对你有帮助。（按响片！）

第三节 青春期

你好，史蒂夫：

帮帮我！我的狗狗戴夫是一只伯恩山犬，现在10个月大。它之前是只擅长交际的"小毛球"，对周围的人和事物都很友好，但在一夜之间性情大变，对所有的事物要么会过度兴奋，要么就不能容忍，几乎一直都想给我找麻烦！我觉得它肯定是在试探我的极限。散步的时候，只要它不想再往前走了，就会站在原地不动。它的体形很大，所以我实在没办法抱着它走！大概一个月前，它还能和散步时遇到的狗狗友好相处，现在却会被一些狗狗欺负，而且开始对其他公狗表现出攻击性，因为它觉得这些狗会伤害它。它的服从性也变得更差了。我已经开始给它增加日常锻炼，试图消耗掉它过剩的精力，这或许能让它的情绪更平和。但是如果你有其他的建议，请告诉我，非常感谢！

马丁

伯恩山犬

你好，马丁：

准备好埋头苦干吧。接下来的日子会很不好过！欢迎来到犬类青春期的世界！真糟啊，是不是？不过别担心，青春期总会过去的。相信我，现在正是戴夫最需要你的时候。事实并非你想的那样，戴夫并不是想给你找麻烦，而是因为它现在的日子很难熬。

狗狗在6～18个月的时候进入青春期，具体时间和品种有关。体形大的犬种进入青春期的时间会稍晚一些，度过青春期的时间也更晚。伯恩山犬是大型犬，所以我猜你正处在它最难搞的时候。

各种荷尔蒙会在青春期波动，不仅会影响狗狗的个体发展，比如生长发育和性成熟，还会促使它们表现出更多的进化行为，如渴望四处游荡、探索新领土、寻找配偶。在这个成长阶段，狗狗会更敢于冒险，这促使它们去游荡、去探索。老实说，从物种发展的角度来看，狗狗达到性成熟时，想要离开"家"去探索，寻找潜在的配偶，这是件很合理的事。这些行为不仅能扩大基因库，还能限制近亲繁殖。

想想人类青少年会做什么吧！我们在青少年时期做了多少疯狂的事，而这些事现在根本不会想着去做，可见当时有多疯狂了。正是有了青春期的经历，我们才能找到自己的极限，不断累积经验成长，为成年生活做好准备。可悲的是，青少年往往会变得过于有冒险精神，看看青少年道路交通事故占比有多大就知道了。此外，青春期的心理健康问题也很难解决，全世界有75%的行为和心理障碍都是在青少年阶段开始的。

在这一时期，多巴胺和睾酮等激素飙升，时不时会突然在戴夫的行为中表现出来。这些荷尔蒙在发育过程中有着至关重要的作用，但也会造成情绪波动、容易冲动、对压力的容忍度低等情绪问题，导致戴夫变得暂时不那么好相处。

换位思考：还记得你十几岁的时候是什么状态吗？我猜你也许是个动不动就摔门、阴晴不定、喜怒无常、一点即燃、总是晃着胳膊的疯小子吧？无意冒犯。人类至少有13年的时间来准备迎接青春期风暴，而狗狗只有短短6个月！你还算走运呢，至少戴夫没有锁上卧室门，关掉所有的灯，一遍又一遍地大声播放吵闹的音乐！

这时我们很容易就能猜到，哪个年龄段的狗狗最容易被人扔到收容所……没错，是6～18个月。有时我不由得会想，如果人们不愿在狗狗状态最糟的时候给予关爱，也就不配在它最好的时候爱它。

目前，戴夫的睾酮正大量分泌，它在这个年龄段产生的睾酮比一只完全成熟的成年公狗要多得多。睾酮的增加意味着别的公狗可以在1 600米外就嗅到戴夫的气味，并感到威胁。它们也不会像几个月前那样宽容地对待它了，那时它还有"小狗许可证"①。

你在信里提到戴夫曾被别的狗狗"欺负"过。正因为这些不

---

① 译者注：小狗许可证指的是年长的狗狗对幼犬的行为会有更高的容忍度，因此不容易产生冲突。

好的经历，再加上青春期敏感，我敢肯定它现在遇到别的狗狗时会更积极主动地反击了，但是千万不要让它继续练习这些攻击行为，否则攻击就会发展成它的行为准则。

在你陪伴戴夫度过青春期的阶段，我非常希望你能多让它和处得来的狗狗玩耍，避免和陌生的狗狗产生冲突，也不要和近期闹过矛盾的狗狗发生对抗。戴夫现在正经历着青春期的煎熬，这个时期总会过去，但是不纠正的话，它可能会一直带着这个坏习惯。我们希望戴夫只是暂时变得躁动易怒，而不会永远带着这样的性格生活。

对所有的事物要么会过度兴奋，要么就不能容忍，也是人和狗狗在青少年时期可能共有的特征，总是走极端，几乎没有折中的时候。同样，这种强烈的情绪反应解释了为什么会出现"披头士狂热"，也解释了为什么单向乐队①解散的时候，数百万青少年和一位40多岁的成年男子哭了好几天（即使是现在，写到这一段，一滴热泪也顺着我的脸颊滑落。别笑话我）。

在你提出的问题里，我真正想解决的问题是戴夫在散步时站着不动，拒绝向前走。训犬老手都知道，它并非像你怀疑的那样，在试探你的极限，而很可能是因为它身上正疼痛着。戴夫在青春期会经历生长高峰，很可能会导致全骨炎等疾病，通常叫作生长痛。伯恩山犬这样快速生长的大型犬更有可能出现这个问题。戴夫在散步时停下来，很有可能是因为身体太疼了，而不是

_____

① 译者注：单向乐队（One Direction），英国著名男子音乐组合。

205

因为个性顽固。如果你还有任何疑问，建议你和兽医谈谈。

我们并不想把散步和疼痛联系在一起。如果戴夫散步时还碰上了死对头，肯定就更容易被激怒了，反应也会比之前大得多。想想看，开车时有人超车已经很糟糕了，但偏偏这时候你的牙也很痛，会发生什么事？好吧，我来告诉你，有人会被痛骂一顿，或者至少要被愤怒地按喇叭。

所以，最佳的解决方案可能不是增加戴夫的日常运动量来"消耗它的精力"。我建议让它多用鼻子嗅闻，多给它释放精神压力的机会，比如，你可以把食物撒在花园里，用这个方式来喂它早饭和晚饭。

操作时，你只需打开后门，把食物扔出去，让戴夫去玩玩嗅闻游戏，花30分钟闲逛，嗅一嗅，找一找。这是个低冲击的活动，能很好地释放精神压力。千万不要让它花30秒把碗里的狗粮一扫而空，然后在一天中剩下的时间里去惹各种麻烦！（另外，建议你认真阅读"嗅闻"和"追踪训练"两个章节，以便获得更多有建设性的嗅闻游戏想法。）

现在我们再来想想，还有什么方法能帮你和戴夫像队友那样共同应对青春期的考验？在训练方面，你说"它的服从性变得更差了"。青春期当然会这样啦，我刚开始注意到女孩子的时候，也是这个德行！放下你的骄傲吧，和你面前的狗狗一起努力解决问题。别再念着以前那只小乖狗了，乖宝宝的时期已经过去了，你得进入下一个超级重要的成长阶段，努力让戴夫成为最乐观、最稳定、最快乐的狗狗。这里最重要的并不是戴夫一天比一天表现得更好，而是你得有能力每天根据它的实际情况来制订合适的行为标准。所以，如果它做不到瞬时转圈，或者在50米开外的地方趴下，你就别难为它了！重要的是让它对训练保持热爱。在我看来，每次都能把简单的事情做好，收获大大的奖励，远比冲击高难度目标但总是失败要好得多。

跟我们一样，如果戴夫一直做得不够好，它的努力一直没有得到强化，那它很快就会失去对训练的热爱，这是很令人惋惜的。建议你把进度放慢，多给它强化。放松一点吧，要知道明天又是新的一天。

好啦，关于青春期我就讲完了。

谢谢你愿意站出来帮助戴夫度过它的"探索"阶段。许多养狗人都有和你一样的经历。如果狗狗过了青春期，依然喜欢和你一起生活，一起训练，那时你们就会过得轻松而舒适。

第四节　绝育

你好，史蒂夫：

　　我想知道你对绝育的看法。我们有个亲戚生病了，所以我们很快会领养他的狗狗汤米，它是一只漂亮的"串串"。它只有4个月大，离绝育还有一段时间。我和一些人聊过绝育这件事，每个人都有各自的看法。常见的说法是"绝育是负责任的做法"。我们永远不会用它来繁殖，但我想应该也有办法在不阉割它的情况下，避免它和别的狗狗交配吧？说实话，想到绝育这件事，我就会有种感同身受的担忧，给你写这封信的时候腿都是交错着的……但是貌似做手术的确能彻底解决问题。

　　你可以告诉我该怎么做吗？

罗伯特

你好，罗伯特：

我能明白你的感受，绝育这个问题是个雷区。人们除了问我公狗"要不要阉割"，还经常会问母狗"要不要绝育"。尽管两种性别的狗狗都会有各自的问题，但我身为训犬师，更常听到的问题是和阉割公狗有关，而不是给母狗绝育。

我很想明确地告诉你汤米要不要做手术，然后快速转到和性腺关联不那么大的话题上，但我做不到，我没办法简单地给个非黑即白的答案。这种二选一的决定往往都不容易做。

给你讲讲我自己的情况吧：我和5只狗住在一起，其中两只是公狗，都是救助犬，一只被阉割了，另一只没有。

斯派德是只惠比特犬，天生就容易紧张，保留睾丸对它来说好处很大，因为睾丸分泌的睾酮可以让它更自信。我很庆幸它没有被阉割。

帕布罗，是只斯塔福郡斗牛㹴，也是从救援中心接回来的。但是和斯派德不同，帕布罗在遇见我之前就已经做了绝育手术。不过，它绝对是你见过最自信、最热情、最爱交际的狗狗。睾酮带来的信心对它来说只是"锦上添花"，就像刺猬索尼克①去喝红牛饮料提神一样，所以我觉得帕布罗被阉割没什么关系。

绝育这件事因"狗"而异，我能做的就是介绍一些优缺点。建议你继续研究这个问题，并仔细考虑汤米的实际情况，不要操之过急。

---

① 译者注：刺猬索尼克（Sonic the Hedgehog）是日本电玩游戏的主人公，也叫作音速小子，有异于常人的奔跑速度。

阉割是指切除两个睾丸，而雄性的睾酮主要就来自这个器官。睾酮在性发育和性特征方面发挥着关键作用。睾酮实际上并不会直接触发特定行为，这与常见的看法不同，但它的确能促使嗅觉标记和骑跨行为（对象可能是狗、人、垫子、被褥、稀薄的空气）的产生。人们有时会觉得，睾酮会使没被阉割的雄性以更快的速度触发特定的行为，比阉割过的雄性的反应速度要快得多。从我的经验来看，当一只未阉割的公狗（也就是完整的公狗）在公园遇到一只性格强势且也未阉割的公狗时，前者有时不会轻易退缩，而这正是由睾酮引起的。话虽如此，骑跨、嗅觉标记这样的行为或过度反应也可能与睾酮完全无关，而是因为焦虑、过度兴奋或环境变化引起的。

甲之砒霜，乙之蜜糖

睾酮确实可以增加狗狗的信心，让它保持自信的状态。如果你的狗狗已经能神气活现地展示自己，有着重量级拳击冠军和国际花花公子的气势，做它的主人可能是件苦差事。但是如果你的狗狗很胆小，在你竭尽全力的帮助下才能不惧怕周围的环境，那睾酮的存在就是件好事。

说来有趣，从我的经历来看，很多狗狗觉得自己在别的狗狗面前应该表现得很强势，但这并不是因为它们想征服一切，而是因为太害怕了，没有信心用其他方式来应对。这些狗狗缺乏安全感，曾被迫做出有攻击性的反应来"吓退"别的狗，并很可能发现这样做是"有用"的，因此它们攻击性的表现得到了强化，在未来这更有可能成为它们的应对机制。这些狗狗通常都被阉割过，而且阉割的时候往往都很小。所以，我真希望能把它们的睾丸移植回去，这样就能借助睾酮来让它们更有信心去学习更优的应对策略，比如回避、利用微妙的肢体语言、向主人寻求帮助等。

在我看来，只要狗狗的行为表现出了恐惧、胆怯、焦虑或没有安全感，其中包括攻击性，我就会在标有"不要阉割"的方框中打一个大大的勾。如果非要做手术，你至少得先给狗狗安排合适的训练把行为问题解决掉，并且保证在12个月内它的表现都能持续向好，没有出现进一步的恐惧或攻击问题。

"完整的"公狗明显会更关注母狗。因此，从别的狗狗或者狗狗的气味那儿召回它们，会比召回阉割过的公狗更难。虽然阉割可能有助于减少逃跑和攻击等问题行为，但你在安排手术的同时，还是应当给狗狗做行为矫正，因为过去发生的问题行为被强化过，狗狗可能已经养成了习惯。仅凭手术是不能解决问题的。

与青春期的狗狗一起生活可能是场考验，你必须处理选择性失聪、过度兴奋、性意识萌动等一系列青春期的问题，但是简单地给它们做绝育并不能解决问题。你应该让狗狗生活在安全的环境里，理解它们的心理，训练时保持友好积极的态度，照顾它们度过青春期。等狗狗过了青春期，在18~24个月大、达到完全成熟时，我们就可以再次友好沟通了。

所幸的是，现在我们可以选择"先试后买"。化学阉割正变得越来越流行。主人会优先选择这种绝育方式，因为这样既能看到阉割对狗狗行为的实际影响，又不用签字让它永失睾丸，还不必遭受任何潜在的副作用。化学阉割是在狗狗脖子后面注射一个小小的植入物。这个植入物会逐渐在身体里分解，慢慢释放出持续的活性成分，能基本上控制狗狗的睾丸，减少睾酮的分泌水平。植入物的效果一般能持续6~12个月。但是要注意，做完化学阉割后，睾酮水平在前两周实际上是增加的，然后在4~6周时会降至阉割后预计的水平。

在植入期间，你将看到手术阉割带来的潜在行为影响。此外，你可以自由选择植入的次数，借此了解所有的绝育信息，从而确保自己做出正确的决定，这正是化学阉割的美妙之处。这个方法在北欧很流行，因为只要主人有需要，就可以重复植入。而在英国，它更多地用于一次性的测试。如果你愿意，就去试试看，判断一下阉割是不是正确的决定。植入能有效评估阉割（或不阉割）的潜在好处，又不至于犯下不可挽回的错误。在某些国家，当地大多数的救援中心（虽然不是全部）会提倡阉割所有的公狗来限制繁殖，理论上这能减少社会上不断增加的流浪狗。救助中心、兽医、训犬师、主人等会因为出发点不同而产生不同的看法。我当然可以支持救助中心前线的英雄，认同靠阉割公狗来停止繁殖的观点，我也理解这背后的动机，但是在我看来，阉割并不能简单地等同于"负责任的做法"。

美国许多州的法律规定，从收容所领回的狗狗都必须做绝育，无论它的年龄、行为或性情如何，这实在是太一刀切了。绝育会影响狗狗的身体，可能还会损害健康，并且往往会极大地影响它们的行为，而这些问题反过来又会影响狗狗生活中的每个人。我们应当根据个体的实际情况来决定是否要绝育，而不该把绝育变成强制性的政策。

在挪威，阉割狗狗曾经是违法的。在瑞典，只有7%~8%的狗狗做了绝育。而在美国，绝育的狗狗占了80%。流浪狗在挪威不是问题，在美国却是个问题。由此可见，相比阉割，良好的训练和负责任的主人更为重要。

如果手术纯粹是为了防止繁殖，那么为了避免损害健康，保持睾酮的分泌，你可以选择输精管结扎手术。输精管是一条管道，用来运输睾丸中产生的精子。阉割是个稍微大一点的手术，而输精管结扎手术则相对简单，通过切除、夹住或扎住输精管来实现绝育，而睾丸仍然在原位。输精管结扎手术虽然没有阉割那么普遍，并不是大多数诊所的"首选"，但作为备选方案，

213

它绝对值得你与你的兽医考虑一下。

以上就是我的观点。我没有见过你和汤米，也没有与你讨论过它的行为和性格，所以没办法说得更具体了。但正如我在上文中介绍的，目前有一些办法可以避免你仓促地做出令自己后悔的决定。所以继续收集资料吧，照顾好汤米，与专业人士交谈，慢慢来。

第五节　训练中食物的使用方法

你好，史蒂夫：

　　我想我的离婚协议书上很可能会有你的名字！我参照你写的书训练了狗狗，进展很不错。我丈夫也很想参与进来，但是他觉得训练时不该使用食物，他不相信用食物训练这回事。希望你可以给我一些建议，好让我说服他，或者给我一个好律师的电话！

帕蒂

零食

你好，帕蒂！

啊，又是"不相信"这个老生常谈的问题。为什么人们可以接受在训练时使用玩具，也认同抚摸和表扬的作用，却常常需要某种信念才能接受用食物来强化效果呢？这是什么奇怪的理念或者奇怪的信仰吗？有充足的实证可以说明食物在训练中的作用，而且我们身边就有很多真实案例。

人们并不是因为质疑食物的训练效果而反对它的。食物无疑是一种神奇的训练工具，能够快速有效地训练动物。没有人会因为海洋哺乳动物训练员用鲱鱼诱导海豚做出预期的动作就说他不好，也没有人会因为猛禽驯养员用肉鼓励红隼飞到手套上就给他很低的评价。那么，人们究竟为什么要批评训犬员做出同样的事呢？

针对你的问题，我想先列出一些注意事项，然后回答几个关于食物的常见异议。希望你在这里能找到有用的信息，来解决你和丈夫的争论!

🐾 不要把有效的训练和爱混为一谈。虽说没有人会承认，但我觉得，有些人会认为，如果用食物来训练狗狗，狗狗就不会爱他们，甚至不会给予他们足够的尊重。可是，爱和得到食物并非水火不容，事实恰恰相反!

🐾 如果你只有10天的时间来教狗狗一种行为，而这种行为会在第11天的某个场景下拯救它的生命，你是否希望能用食物来辅助训练?

🐾 假设满分是10分，你的狗狗对食物的爱有几分？

假设满分是10分，你希望狗狗有多喜欢和你一起训练？

🐾 如果有人要求我做某件事，除非他欺负我，否则我会想知道"为什么"。如果我能理解"为什么"，也清楚这件事对我的好处，我就会尽力做到。狗狗也一样。

🐾 我们做出某些行为，本质上是为了获得令人愉快的事物，或者躲开令人讨厌的事物。如果我的行为带来令我愉快的东西，我就会很乐意反复表现这个行为，而这个行为就会越来越熟练，并持续下去。

如果我因为做或者没做某个行为而得到了让我讨厌的东西，我就会设法避免表现这个行为，这样它既不会变得熟练，也不会持续下去。

🐾 如果你想要的是金牌（对狗狗来说，这往往是食物），却只得到了银牌（对狗狗来说，这往往是表扬），就会感到很失落，甚至很丧气。但是如果你既给了狗狗食物，又给了赞美，那效果就会增强。

接下来，我们来看看关于使用食物的常见异议，并分析一下如何才能转变这些观点。

🐾 异议：我不想使用食物，否则只有当我手中有食物的时候，狗狗才会听我的话。

🐾 回答：是的！我完全认同。一旦食物使用不当，就会产生很大的局限性，所以我们要正确地使用食物！

训练狗狗时，要尽可能多地提供食物，同时要尽快在完成行为之后奖励食物，而不是在完成行为之前。只有在训练初期，为了诱导狗狗做出行为时，才可以先给食物，比如托下巴练习或者各种技能教学的早期诱导阶段。

不仅仅是食物，所有的强化物都应该在做出行为之后出现，从而让行为更有可能再次发生，绝不是之前。

如果食物在狗狗做出行为之前不断出现，就会变成口令的一部分。这样做并不好，因为将来如果没有口令（食物），这个行为也会随之消失。如果训练方法不对，结果肯定会变成只有在你拿着食物的时候，狗狗才会做出你想要的行为！

在公园，我总是能看出有的人没有正确地使用食物来训练，因为他们把食物当成了口令的一部分（在行为前展示），而不是当成结果（在行为后给出）。

他们会站在门口喊："过来！"（狗狗无动于衷）

接着又喊一次："过来！"（狗狗依旧无动于衷）

于是他们把手伸进口袋，拿出食物喊道："香肠！"然后狗狗就像导弹一样飞回来了！

他们已经教会了狗狗，召回的口令不是"过来"，而是主人将手伸进口袋并拿出食物的动作。

狗狗是很公正的，我们教什么，它们就做什么。

结果才会让行为变得稳定。

要把食物当成结果，而不是口令。

🐾 异议：贿赂狗狗做事情是不对的。

🐾 回答：是的！我也认同这一点。把食物作为口令的一部
分，在行为发生之前展示出来，就是贿赂。

在行为发生之后，将食物作为结果的一部分奖励给狗狗，
才是（正确的）强化办法。

🐾 异议：我不想在每次要求狗狗做
事情的时候都要给它吃东西。

🐾 回答：不可思议，我还是同意！

（见第187页"日常奖励"）

🐾 异议：狗狗应该是出于尊敬才为我做事情，而不是为了
食物。

🐾 回答：为什么呢？你又不是泰山①！尊敬这个词用在训犬
上有点不合适。人们希望狗狗尊敬自己，实际是想表达
什么意思呢？答案要么是希望狗狗害怕他们，要么是希
望狗狗服从他们的命令。

---

① 译者注：泰山（Tarzan），美国《人猿泰山》系列文学和影视作品
的主人公，生活在森林里，深受动物的爱戴。

如果你想让狗狗害怕你，那就惩罚它。

如果你想让狗狗服从命令，那就使用强化措施。

尊敬和这两件事并没有关联。

如果你渴望得到尊重，那就变成《好家伙》[1]电影的主人公。

🐾 异议：一直使用食物训练会让我的狗狗变胖。

🐾 回答：是的！会的！如果狗狗摄入的卡路里比消耗的多，就会导致发胖。你可以调整进食量或调整运动量，这样它既能从这个超棒的训练方式那儿获得好处，还能保持健康。简单易行！

🐾 异议：我的狗狗不愿意把食物带到屋外。

🐾 回答：有的主人会和我说，他们的狗狗不愿意在外出散步时吃东西，所以他们不用食物来训练，而是尝试用玩具来强化他们想要的行为。在训练的某些阶段和特定的练习中，使用玩具能很好地强化行为，尤其是当你想要把速度带起来，增强紧迫感的时候。但是在外出散步时，使用玩具训练会让狗狗出现追赶、抓捕、扑咬的行为，导致肾上腺素飙升，这并不适合帮它在某些环境和情况下建立积极的联想和期待。

---

① 译者注：《好家伙》（Goodfellas），美国黑帮犯罪电影。

我们应该倒过来想想，为什么狗狗在这种环境下不愿意，甚至不能接受食物？很多时候，这是因为狗狗在当时的环境下太过兴奋，所以无法接受食物。如果狗狗神经系统里决定战斗或逃跑的交感神经正处于待命状态，那身体就要拒绝食物，因为可能有更重要的事情得去做。记住，狗狗的感受是第一位的，行为是第二位的。如果它在特定的环境中感觉不舒服，不能接受用食物强化训练，那么我们就换个方式，先在一个不容易分心、更安全的环境中教学，然后随着狗狗信心和安全感的增加，慢慢过渡到更容易分散注意力的环境中训练，并让它稳定地做出相同的行为。

出于某些原因，如果你不得不带狗狗去一个会让它过于兴奋、无法接受食物的地方，就不要急着训练了，也不要提供无效的强化物，这会增加狗狗的压力。让狗狗讨厌你只会使训练效果变得糟糕，未来的训练也会被"毒害"。你只需坐下来，让你的狗狗感到安全，让它知道你会保护它、帮助它，让它对这个地方不那么敏感。随着时间的推移，它会放松下来，变得能够接受食物，然后你就可以开始训练啦！

著名的推销员和成功学大师戴尔·卡耐基说过："激励别人的唯一方法是找出他们想要什么，然后告诉他们如何得到它。"我总是问我的客户，他们想从狗狗那里得到什么行为，然后告诉他们怎样做才能得到。同样，我们可以问问狗狗，它们想要什么，然后告诉它们如何才

能得到想要的东西。

最后，我想分享一下自己的经历。我曾经在几家护卫犬训练公司担任培训顾问，当时许多人都觉得我是个柔弱、温吞的"软蛋"训犬师。

他们会说："你这样训练杰克罗素犬效果还挺好的，但是对罗威纳犬就行不通了。"（好像高个子和矮个子的孩子在学校要接受不同的教育一样。）有位很有男子气魄的训犬师曾告诉我，他不相信用食物训练这回事。我给出了我最喜欢的回答："我知道，但是你为什么害怕使用食物呢？"结果他以迅雷不及掩耳之势抓住了零食袋，来证明自己不害怕使用食物！等他开始取得训练成果，那些疑虑也就不复存在了。

很可惜，根据我的经验，"你为什么害怕使用食物呢"这句话只对自尊心很强的男人起作用。但谁知道呢，说不定这个办法对你的丈夫也很有效，很可能会帮你解决问题！

祝你好运！

第六节　训犬课程

你好，史蒂夫：

几天前我们刚把一只德国牧羊犬接回家。它的名字叫大王，性格很活泼。我们很高兴能成为它的主人，和它相处得也很不错。不过，我们想尽快让它去上课，这样它就能了解主人对它的期待了，还能学一些礼仪。我知道得让大王意识到，主人是家里的领导者，所以我们要比它先吃饭、先进家门，也不能让它上楼或者爬上家具，等等。我上一次参加训犬班都是20多年前的事了，很想知道：现在寻找合适的课程时，有哪些注意事项？

祝好！

马尔科姆

德国牧羊犬

你好，马尔科姆：

非常感谢你的来信。准备好哦，我的朋友！

如果我们从另一个角度看待你的问题，你和大王的生活都会变得轻松许多。借用约翰·肯尼迪的话来说，这不是一个你期待大王做什么的问题，而是大王期待你做什么的问题！当你带它去狗狗学校上学的时候，它期望你能保证它的安全。也就是说，你不要带它去会使用严厉的教学方法或教具的学校。

当你要求大王来到你身边或者坐下时，它可以期望得到令它愉快的东西作为交换，而这些东西能鼓励它再次为你做出这种行为。也就是说，你要去一所注重正向强化的学校。

群体领袖理论是一套老旧的方法，在改善训练效果或建立关系方面真的没有作用。有的人会觉得这个理论听起来很有吸引力，但它就是站不住脚。没有人愿意听到，自己之所以无法召回狗狗，是因为没有教会它做这件事的好处。人们宁愿听到，狗狗不回来是因为它觉得自己是"统治者"，这样错就能怪在狗狗身上了。不，我不接受这个观点。这绝不是狗狗的错。

这种群体领袖（或是等级制度、支配地位）的想法源于多年前对圈养狼群的研究。不幸的是，当时的某些训犬师把狗狗和狼联系在了一起，结果得出了一个有缺陷的结论。

我不想让你觉得我这样讲很刻薄。的确，两个训犬师唯一能达成共识的就是第三个训犬师做错了。但是如果这件事会降低狗狗和主人的生活质量，我就必须说出来。

在狗狗之前吃东西的理论之所以出现，是因为人们认为过去

"在野外"，占统治地位的动物会在其他团体成员之前吃东西。小时候，我去听过学校庆典上的训犬分享课，里面提到狗群领袖必须先吃饭。随后，训犬师用一位观众的狗狗演示了趴下的动作，并在动作完成后给狗狗吃了点东西。我天真地问道："为什么刚才训犬师不觉得要在给狗狗食物之前自己先吃东西呢？"而他回答："我稍后会讲到这一点。"30多年过去了，我一直等一个回复……但什么都没有！

在狗狗之前进门是一个老生常谈的理论，可以追溯到"狼打猎时会排成一列，首领走在前面"这一说法。同样，就算我们忽略"物种不同"这个问题，狼也不会排成一列狩猎。事实上，狼会分散开来搜索，然后包围猎物。其实，狗狗并不是因为想支配我们才先进门，而是因为它们好奇心强又热情，而且它们比我们这些两条腿的"树懒"走得更快！认同"在狗狗之前先进门"的训犬师在穿过每扇门时都会赶在狗狗前面先进去吗？下雨天的晚上，让狗狗从后门出去上厕所的时候，也要走在它前面吗？真的吗？

我以前经常和几只救助犬一起在田野上散步。散步的成员里总是有一只德国牧羊犬、几只拉布拉多、一两只猄犬，有时还有一只史宾格犬。我们会在田间漫步。每当我们穿越大门或栅栏门时，"对，德国牧羊犬先过，然后是拉布拉多犬……猄犬？后面待着去"！实际上，这些狗狗从不关心谁先通过，所以我想我也不应该这样，毕竟它们才是专家！

我19岁的时候训练过一条护卫犬。有一次，有人喊我去处理仓库的破门事件。那时候我有想着在狗狗之前穿过每个门洞吗？不！

我没有。如果这件事对我来说没有意义，我就不会去做，而你也不必这样做，你的狗狗也无须如此。不过，如果有一天你养了一只狼……好吧，等哪天真遇到了这个问题，我们再去想办法吧！

你说的最后一点是不允许狗狗上楼或爬上家具。如果原因是你想保持沙发干净，或者只是想让楼上成为无狗区，那是可以的。但是，如果理由纯粹是因为训犬师告诉你允许狗狗上楼会导致"统治地位问题"，那就不要提这个要求了。不会发生这个问题的。

不允许狗狗爬上家具或上楼的理论出于对舒适、安全和等级的考量，群体领袖会选择睡在洞穴的高处。同样，你不用为这件事担心。狗狗和狼不是一个物种，生活规则并不相同。狗狗爬上家具或上楼不是为了在高处的平台上统治我们（猫肯定会这么做）。每个人都有自己的想法，我个人很喜欢让狗狗在沙发上和我一起看电视。要知道，和狗狗一起生活是场团队游戏，而不是争夺霸权的战斗。如果待在高处是为了获得统治地位，那我们都得去侍奉"神"。

训犬原则的实质应该是你和狗狗一起合作。如果有一天你感觉自己和狗狗在竞争，那就麻烦了。考虑上述所有情况，我们来看看寻找优秀的训犬课程应该注意什么：

🐾 靠口碑找机构是件好事，但即使是刺客也会通过推荐来获得业务！建议你寻找一个有资质的训犬师，比如可以在我所在的现代训犬师协会找找（其他组织也可以）。这样一来，你就可以确信训犬师有好的职业操守，并且经过了严格的评估，能确保他说到做到。

🐾 你可以先独自去试听一两节课，别害羞。课堂应该给人舒适和放松的感觉，每个训犬师负责6~8只狗，不会超过这个数量。总体氛围应该是安静和友好的，不能猛拉狗狗，不能大喊大叫，不能有任何紧张的感觉。狗狗、主人和训犬师都应该看起来很享受彼此的陪伴。你可以确认一下：所有的狗狗看起来都很开心吗？所有的主人都开心吗？在课上，你应该能看到主人表现出全情投入、愉快自在的状态，并且他们可以提问题。如果只有训犬师一个人在说话，那他并不是在训练这个班级，而是在管理。课堂应当是双向进行的。哦，不对，应该是三向进行的。

　　希望我的回答能帮到你，虽然听起来可能像在说教。我不是故意的，这只是因为我爱你！我全心全意地相信，去一个好的训犬学校可以真正让你和大王获得最大的利益。所以多研究研究吧，找一个好的正向训犬师，不要担心族群、领袖、统治、支配这些问题。

　　相信我，我们是很容易被攻克的。如果狗狗想掌握权力，它们之前就能做到了！

第七节 犬类认知功能障碍

你好，史蒂夫：

希望你能帮帮我。我有一只12岁的德国牧羊犬，名字叫多蒂。前几周，它在家里有一些奇怪的小动作。不是什么夸张的行为，只是一些小动作，比如对着空气叫，或者是对着我肯定看不到的东西叫。它还会经常踱步，明明会做的练习也不愿意做了。

我知道它不再是以前那只年轻卖力的"工作"犬了，但这种明显不服从的态度似乎来得有点突然（虽然我仍然深爱着它）。

我和以前的训犬师聊过，他说可能只是因为多蒂的年纪大了，或者是因为犬类认知功能障碍，但是他没能告诉我更多的相关知识，所以我也不清楚这算是训练问题，还是医疗问题。我需要去找行为学专家或者兽医吗？

你能帮我分析一下多蒂的情况吗？

芭布斯

德国牧羊犬

你好，芭布斯：

这个名字听起来好亲切！

犬类认知功能障碍，虽然不是训练或行为问题，但狗主人经常会把它们混为一谈，因此我大胆地为你进一步谈谈这个话题。

我的生活是围绕狗狗展开的。这样做的原因很简单，因为我知道狗狗把一生都献给了我。如果狗狗能像我希望的那样顺利活到老年期，那它们很可能需要主人提供额外的支持和理解，才能在生命的最后阶段尽可能地活得舒适，没有压力。随着狗狗年龄的增长，它们常常会出现犬类认知功能障碍的症状。人们常说有备无患，所以我想简要介绍一下什么是犬类认知功能障碍，并给出一些小建议，这可能对你有帮助。

犬类认知功能障碍指的是老年犬因智力下降而出现的变化。像大多数神经系统疾病一样，这种疾病也伴随着行为上的变化，这些变化可能会让人感到困惑，甚至沮丧。

然而，知识就是力量。我们了解得越多，准备得越充分，那么当问题出现时，我们就越不会感到无助。

就像我们生病时会做的那样，如果你怀疑狗狗有任何问题，最好立即咨询你的兽医。我们在和狗狗一起变老，而我们的身体机能有可能在一天天退化（好吧，爷爷），所以要把见兽医的日程记在日记里，避免遗忘。请你至少每6个月去见一次兽医，这肯定有助于你们尽可能地让多蒂感到舒适。兽医对你的老年犬越熟悉，就能越早注意到它的变化并采取行动。

犬类认知功能障碍的迹象从8岁开始显现（有时巨型犬种会

出现得更早），而且随着狗狗的行为变化逐渐增多，症状会慢慢增加。我在下文列出了一些迹象。

如果你发现多蒂可能出现了这些迹象，那就都勾出来，这是明智谨慎的做法，能让你和兽医了解它正处于什么阶段，知道怎样帮助它才是最好的。

☐　睡眠模式的转变

☐　与家庭成员的互动发生变化

☐　踱步

☐　绕圈

☐　不会定点大小便了

☐　忘记以前的训练口令

☐　迷失方向

☐　卡在家具下面

☐　无缘无故地盯着远处看

☐　烦躁不安

☐　整夜吠叫

☐　困在房间的角落里

☐　吃饭或喝水有困难，例如嘴巴咬不准或者找不到碗

☐　听见自己的名字没有反应

☐　容易受到惊吓

☐　对噪声敏感

当你勾选上面的行为变化时，你和兽医是在使用"排除法"。这个步骤很重要，其实就是换一种方法来思考："是的，这可能是犬类认知功能障碍的症状，但还可能是什么其他疾病的症状吗？"

比如：

进食困难，可能因为牙齿酸痛。

对名字没有反应，可能是因为耳聋。

烦躁不安，可能是因为它躺下时臀部酸痛。

对噪声敏感，可能是因为门被"砰"地关上，导致它紧张，进而又引起了臀部疼痛。于是它把关门的声音与疼痛联系起来，所以对关门的声音或其他声音变得敏感。

排除法是诊断医疗问题和行为问题的重要途径。

虽然到目前为止，犬类认知功能障碍还没有治愈的方法，但你和兽医肯定有很多方法可以改善狗狗的情况，也许还能抑制病情的发展。例如，有的处方药可以增加血液流动和大脑中的化学信息，延缓认知功能障碍的发展过程。兽医也可能建议改变狗狗的饮食结构，比如增加脂肪酸、矿物质和维生素的摄入，来提高大脑的灵敏度。

你自己也可以通过下面的行动来帮助狗狗。

规律的日常生活，熟悉的人和环境

- 尽可能地保持一切事物都有规律。年长的狗狗和人都喜欢惯例：在固定的时间如厕、运动、小憩，婚礼上有香槟酒，圣诞节有雪利酒，等等。

- 除了下文中出于安全考量而做出的变化，尽量保持房子和花园里家具的布局不变。

- 管理好家中不熟悉的访客。

- 尽可能保持固定的作息，包括晚间活动、就寝、喂食、运动和上厕所。

- 如有必要，可以按《狗狗训练从零开始：训狗技巧一点通》中介绍的如厕训练方法重新训练，来减少意外发生。

安全

- 重新给房子做好狗狗保护措施。又回到以前的感觉了！

- 移走房屋和花园内会让狗狗绊跤或跌落台阶的物品。

- 如果狗狗在家具后面发现了松动的电缆，请注意。

- 考虑将水碗和食盆移到房间的角落，方便多蒂找到，并防止它踩到。

🐾 在有可能打滑的表面铺上垫子，如木地板或抛光的地面。

🐾 出门在外时，如果遇到过度兴奋或不熟悉的狗狗，请你
保护好多蒂。如果它感到身体疼痛，我们肯定不想让疼
痛加剧，也不希望多蒂将疼痛与别的狗狗联系起来，更
不希望它将在室外与疼痛联系起来。此外，多蒂的肢体
语言可能不像以前表现得那么准确了，视力或听力可能
也没有那么好。我们不希望误解它的意思，也不希望另
一只狗狗得到有误的信息。

丰容

　　不断有研究表明，心理和身体的丰容练习
可以预防并延缓犬类认知功能障碍的发生。

🐾 在身体条件允许的情况下，确保你一直在固定的时间散
步，让多蒂探索、嗅闻、观察世界的变化，保持好奇心
的火苗。要记住，散步的距离不重要，重要的是让狗狗
去探索、寻找，享受并锻炼它们天生的好奇心。由于年
龄的关系，一天中多次进行短时间的散步可能比一次长

时间的散步更适合。

🐾 和多蒂一起玩吧！拥抱它，和它抢毛巾，扔出食物让它扑上去。这些时光很快乐，让它玩个尽兴。

🐾 安排活动，让多蒂有机会伸展身体，锻炼所有的感官：嗅觉、视觉、听觉和触觉。背包徒步可以轻松地满足这些需求，又没有过度疲劳的风险。

🐾 把多蒂的食物像面包屑一样撒在花园里，让它跟着吃，这样它就可以愉快地发挥捕食能力了。

变老并不是世界末日。运气好的话，我们可以和狗狗一同度过漫长而快乐的岁月，而衰老是这个过程的一部分。我们在准备与老年犬一起生活的时候，要像为小狗做准备时那样花很多心思和精力，这样才公平。我们的老狗狗也曾经是个宝宝呀。我一直觉得老年犬很特别，既有世俗的智慧，又很美丽。对于狗狗来说，经历过快乐至上的生活是多么美妙啊！我们可以让它们自始至终过上这样的生活。说真的，如果能有机会在室外坐20分钟，搂着我的德国牧羊犬老阿什，一起看着这个世界从身边经过，我愿意付出一切。

和老年犬一起生活并不是困难，而是一份礼物。你很幸运，可以充分把握这段时光。

享受这个过程吧。

结束语

　　好啦，现在是时候把牵引绳交还给你了，我相信你已经知道要怎么训练狗狗了。

　　训练时要一步一步来，记得庆祝成长过程中的每一次成功，这可比训练本身重要得多，这能让你和狗狗建立起联系，帮助对方度过艰难的时期。正是有了这些经历，你才能和你最好的朋友过上幸福的生活。

　　我们要教会狗狗必要的生活技能，帮助它们适应人类社会，给它们展示能带来最佳回报的行为，并一直努力让它们保持乐观的态度。这是我们的责任。

　　请记住，训练狗狗没有"失败"这一说。如果你的训练情况停滞不前，只要降低期望值就好了，设定一个可以实现的训练目标，努力达到目标，并继续进步。

　　我还想聊聊这个话题：有些时候，你就是不想做任何正式的训练，这不要紧。训练狗狗并不是与时间赛跑。如果你和狗狗最快乐的时光是坐在后花园里晒太阳，它看着你的眼睛，不敢相信自己有多幸运才能和你在一起，而你在抚摸它的肚子，那么……好极了！你也许不是在训练，但你的狗狗肯定是在学习。它会了解到，和你在一起时感觉很好，它喜欢你的陪伴，而这些都能为召回、松绳散步等训练打下良好的基础呢！

训练的质量永远比数量更重要，而且实际上，训练狗狗这件事永远都在进行中。

如果你按照我在本书中介绍的方式训练，即采用正向训练方法，合乎道德，不给狗狗施加压力，那你永远都不会停止训练的，你的狗狗也不会希望你这样做。

救助犬帕布罗来到我身边的时候，我们遇到了各种问题，其中包括许多本书里探讨过的情况。但正是通过努力解决它的问题，让它知道了自己是可以重新对人产生信任的；通过给它信心去尝试新的行为（即使不是每次都能成功）才最终帮助它重新学会好好地享受生活。现在，帕布罗总是笑嘻嘻地面对他人，还会亲切地舔他们的脸。

我们都应坚信自己和最好的狗狗生活在一起，而事实也正是这样。